ESQUISSE

D'UN

PROGRAMME

DESTINÉ

A LA SESSION QUE L'ASSOCIATION

FRANÇAISE POUR L'AVANCEMENT

DES SCIENCES

DOIT TENIR A ALGER EN 1881

ALGER

TYPOGRAPHIE ET LITHOGRAPHIE A. BOUYER

1879

ESQUISSE

D'UN

PROGRAMME

DESTINÉ

A LA SESSION QUE L'ASSOCIATION

FRANÇAISE POUR L'AVANCEMENT

DES SCIENCES

DOIT TENIR A ALGER EN 1881

ALGER

TYPOGRAPHIE ET LITHOGRAPHIE A. BOUYER

1879

ESQUISSE D'UN PROGRAMME

DESTINÉ A LA SESSION

QUE L'ASSOCIATION FRANÇAISE

POUR L'AVANCEMENT DES SCIENCES

Doit tenir à Alger, en 1881

Les plus excellentes choses du monde perdent leur éminent caractère dès qu'elles sont déviées de leurs directions naturelles et appliquées sans raison. Ainsi la Centralisation, qui a si souvent rendu de considérables services, est aussi trop souvent devenue la cause première des plus criants abus et des situations les plus déplorables. C'est elle qui après avoir, à deux reprises différentes, donné à notre littérature le plus brillant essor, l'a deux fois aussi plongée dans cet assoupissement qui accompagne l'indifférence la plus absolue. C'est elle qui vient de donner à l'Allemagne sa haute position politique parmi les nations de l'Europe, mais en la menaçant de lui enlever toutes les brillantes conquêtes scientifiques et littéraires qu'elle devrait à la diffusion du travail; c'est elle aussi qui va permettre à l'Italie de se relever en lui donnant ce que le morcellement de sa population lui a enlevé; c'est elle, enfin, qui, après avoir fait de Paris le foyer le plus éclatant de l'intelligence et de l'esprit, a jeté la France dans l'engourdissement et le sommeil.

Il y a quelques années, vers 1871, après nos récents désastres, quelques hommes d'énergie et d'initiative, vivement frappés de cette situation fâcheuse, résolurent de réagir énergiquement contre un état de choses qui avait déjà eu de trop funestes conséquences.

Tout en conservant au cœur de la France sa position unique au monde, ils résolurent d'imprimer à ses battements une telle puissance qu'ils iraient jusqu'à ses plus lointaines limites répandre le mouvement et la vie ; ils fondèrent l'*Association pour l'avancement des sciences*. Elle vit bientôt venir à elle les hommes les plus considérables dans toutes les branches des connaissances humaines, tous plus désireux les uns que les autres de contribuer au réveil de la patrie ; elle ne tarda pas à prendre une position considérable. Son siège est à Paris, mais elle n'y fait que de rares séjours : ce n'est pas pour lui qu'elle doit agir, c'est pour ceux qui placés trop loin finiraient par ne plus rien entendre de la marche incessante des idées et du travail de la pensée. Elle va, agitatrice superbe, poser chaque année sa tente en des lieux différents et bien éloignés, un jour à Lille, le lendemain à Perpignan, à Lyon ou à Bordeaux. On la voit en ces villes auxquelles elle donne tout à coup une illustration inconnue jusqu'alors, animer les esprits, remuer les idées, provoquer les enquêtes, appeler les discussions de tous genres, et faire jaillir de là les plus brillantes lumières. C'est un noble rôle qui vaut qu'on le salue d'acclamations unanimes et nous, pauvres délaissés sur ces plages éloignées, c'est ce que nous faisons puisqu'elle va venir à nous.

L'Association pour l'avancement des sciences, répond à l'appel de toutes les Sociétés scientifiques des grands centres, dès qu'elle s'est assurée qu'il s'y trouve assez de travailleurs, assez de motifs d'investigation et de recherches, pour donner à ses séances l'aliment indispensable qui doit les rendre attrayantes. Mais c'est avec les municipalités qu'elle s'entend surtout, parcequ'elle doit s'assurer d'avantages matériels, de facilités, qu'elles seules peuvent lui procurer et sans lesquels elle ne saurait rien faire de vivant et de durable.

C'est ainsi qu'elle a accueilli la demande

que lui adressa, il y a deux ans, la Société des Sciences physiques et naturelles d'Alger, plus généralement connue sous le nom de *Société de Climatologie*; mais il a fallu que M. Guillemin, adjoint du maire d'Alger, se rendit cette année, en son nom, à Montpellier, pour l'assurer qu'elle trouverait à Alger le concours le plus empressé et le plus chaleureux, en même temps que tous les avantages qu'elle était en droit de réclamer, pour exécuter en 1881, sa lointaine excursion, par delà la Méditerranée.

Alger verra donc l'Association siéger dans ses murs en 1881. Il eut été préférable, à de certains égards, que cette grande fête de l'intelligence concordât avec le cinquantième anniversaire de la prise d'Alger, ce grand triomphe de la civilisation sur la barbarie; mais grâce à un malentendu inexplicable, cela n'a pu se faire.

La chose essentielle après tout, c'est que nous puissions recevoir nos illustres hôtes avec l'empressement, la satisfaction, la courtoisie qu'ils sont habitués à trouver partout où ils se présentent, et nous n'y manquerons certes pas. Qu'ils viennent donc !

L'Algérie, pour l'Association comme pour tout Français d'ailleurs, est, il faut bien l'avouer, tout singulier que cela puisse paraitre, après un demi siècle d'occupation, une terre à peu près inconnue, ou du moins, qui semble être fort étrange lorsqu'on ne la connait pas. Ce sentiment s'accentuera d'autant plus, que la plupart de ceux qui se rendront à Alger, dans cette occasion, le verront toujours, malgré eux à travers le prisme trompeur que nous a légué l'Antiquité, enveloppant cette grande terre d'Afrique d'un caractère de merveilleux, auquel un mystère profond est venu, depuis des siècles ajouter encore. Mais quoiqu'il en soit et par tous ces motifs réunis, nous nous sommes crus obligés de réunir ici les éléments d'une sorte de programme, de dresser une liste des principales questions que peut soulever l'étude de l'Algérie envisagée des multiples points de vue qu'embrasse le vaste domaine de la Science. La tâche nous avait semblé facile, mais après diverses séances de la Société climatologique, nous ne tardâmes pas à reconnaître combien elle était difficile et rude; aussi nous faut-il invoquer l'aide et le concours de tous ceux auxquels leur spécialité peut avoir donné le grand privilége d'embrasser facilement l'ensemble des matières qui font l'objet de leurs études favorites.

Les dispositions que nous avons prises, leur donnent toute facilité à cet égard. Sur les pages blanches qui feront vis-à-vis aux pages imprimées de ce programme, ils ajouteront tout ce qui leur semblera nécessaire d'ajouter, et leurs additions passeront sans peine à l'état de texte définitif, puisque le programme en question demeurera à l'imprimerie comme épreuve à compléter aussi longtemps que l'on puisse avoir quelque chose à y ajouter.

Maintenant est-il bien nécessaire que nous déclarions qu'en publiant cette esquisse d'un programme scientifique algérien, nous n'avons eu aucunement l'intention d'indiquer à l'Association la marche qu'elle doit suivre, ni même les questions sur lesquelles elle doit plus particulièrement diriger ses regards? L'Association est maîtresse d'elle-même, et n'a d'avis à recevoir de personne; elle doit pour remplir complètement son but conserver toute son indépendance, toute sa liberté d'action.

Chacun de ses membres saura d'avance très-bien ce qu'il aura à faire en se transportant sur le continent africain; nous n'avons aucune inquiétude à cet égard. Mais il n'en est pas de même des travailleurs épars à la surface de l'Afrique. Isolés, plus ou moins éloignés les uns des autres, n'ayant pour ainsi dire aucuns rapports entre eux, sans communications fréquentes avec l'extérieur, ils se demandent bien souvent ce qu'ils pourraient faire au milieu de cette nature qui leur paraît offrir mille sujets d'étude et d'observations d'un haut intérêt ; mais ils n'ont qu'une idée plus ou moins confuse des sujets qui ont été déjà traités ; ils ignorent bien souvent s'il l'ont même jamais été, ils n'ont que des ressources imparfaites pour s'en assurer ; ils demeurent désintéressés et assaillis par les fatigues de l'ennui, alors que les mystères de la vie générale semblent les inviter sans cesse à sortir de leur inaction.

Ceux dont nous voulons surtout parler ici, ce sont les Médecins de colonisation et les Médecins libres, les Médecins militaires, les Médecins vétérinaires, les Ingénieurs des Mines et des Ponts et Chaussées, les Employés du service des Forêts, des Postes et Télégraphes, enfin tous ceux des Officiers de notre brillante armée, qui fixés momentanément dans des postes lointains, au milieu de régions à peu près inconnues, pourraient recueillir tant de données curieuses et jeter tant de lumière sur une foule de questions encore enveloppées d'un voile obscur.

C'est pour eux principalement, c'est pour tous ceux qui portent aux diverses branches de la science et particulièrement des sciences d'observation, le vif intérêt qu'elles méritent, que nous avons entrepris ce travail, auquel nous les convions tous à participer afin de le rendre aussi complet que possible et de lui donner toute sa valeur. Qu'ils veuillent donc bien nous adresser toutes leurs observations, toutes leurs demandes, toutes leurs interrogations ; nous en tiendrons compte et nous les ferons rentrer successivement dans les différentes parties du cadre auxquelles elles se rattacheront. On a vu plus haut que la publication en sera des plus faciles.

Chaque année, l'Association française pour l'avancement des sciences, publie un très-fort volume in-8°, avec planches, contenant le texte complet ou le résumé des mémoires, des notes qui ont été lus ou des lectures qui ont été faites durant le cours des séances de chaque session.

Afin de conserver à notre essai de programme le caractère spécial qu'il a par lui-même, nous avons complètement adopté les divisions arrêtées par l'Association dans la marche de ses travaux et dont la table de chacune de ses belles publications est l'expression la plus nette et la plus concise.

SESSIONS DE 1881

SÉANCES GÉNÉRALES

1° Séance d'Ouverture

Discours du Président.
Discours du Maire.
Discours du Secrétaire général.
La Session de Reims.

2° Séance générale

Les progrès de la Géologie en Algérie depuis vingt ans.

Coup-d'œil sur l'histoire de la colonisation en Algérie.

Du développement et des tendances de l'agriculture Algérienne.

Histoire de l'industrie Algérienne et de son état actuel.

3° Séance générale

Des progrès de l'industrie des lins, des vins, etc.

Du développement du commerce en Algérie.

Le tableau des Établissements français en

Algérie, les trois forts volumes de statistique publiés, en dernier lieu par le Bureau des renseignements généraux de la Direction générale, qui leur font suite, fourniront à ce sujet les données les plus complètes et les plus détaillées. On y trouvera d'ailleurs un grand nombre de documents précieux sur toutes les questions algériennes depuis les premiers temps de l'occupation.

De la pêche du corail.

De la sériciculture et de l'élève des vers à soie.

Nous espérons que cette question sera traitée avec le développement qu'elle mérite et qu'on voudra bien indiquer les mesures à prendre pour tirer de l'état misérable dans lequel elle se trouve cette branche si importante de l'Agriculture Algérienne.

SÉANCES DE SECTIONS

1er Groupe. SCIENCES MATHÉMATIQUES
1re et 2e sections

Mathématiques ?
Astronomie ?
Mécanique ?
Géodésie.

Géodésie de l'Algérie

La conquête de l'Algérie a ouvert à la Géodésie un champ immense d'études dans lequel elle s'est élancée avec ardeur aussitôt que l'état du pays lui a permis de se livrer sans difficultés aux rudes et fatigants travaux qu'elle exige. On sait tout ce qu'a déjà exécuté en ce genre M. le commandant Périer, et nous espérons bien qu'il lui sera permis de faire devant l'Association un exposé des procédés intéressants qu'il vient d'appliquer d'une manière si remarquable, de concert avec les géodésistes Espagnols, pour rattacher la Péninsule et les côtes Algériennes.

A lui aussi de poursuivre cette grande opération qui aura pour résultat si hautement scientifique de conduire le Méridien de Paris à travers le Nord de l'Afrique.

Cartes géographiques et Topographiques

Mais ayant de faire de la grande géodésie, on en avait fait de la petite; on avait mesuré des bases, sur plusieurs points afin de relier entre eux tous les levés faits dans chacune des trois provinces et d'offrir ainsi des points d'attache assez précis à ces nombreuses reconnaissances, exécutées par les officiers d'Etat-major, soit isolément, soit avec les colonnes qui sillonnaient le pays dans toutes les directions.

C'est ainsi que l'on a fini par avoir ces cartes géographiques et topographiques des diverses parties de l'Algérie, au moyen desquelles il a été possible de se faire une idée assez précise de la nature de sa surface.

Le nombre de ces acquisitions successives formera un des chapitres les plus intéressants de l'histoire des sciences géographiques et nous comptons bien qu'il se trouvera un écrivain assez courageux pour l'entreprendre. Nous disons courageux, car il ne faut pas oublier que l'établissement de la chronologie de ces explorations constitue à lui seul un travail formidable. Nous désirons que dans cette histoire de la cartographie algérienne, on n'oublie pas de mentionner certains efforts tentés par des travailleurs isolés et qui nous ont valu quelques cartes fort intéressantes. On devra aussi ne pas oublier les tentatives dont les cartes en relief ont été l'objet.

Travaux hydrographiques

Rendons un nouvel hommage à la belle reconnaissance des côtes de l'Algérie par M. le capitaine, aujourd'hui Amiral, Bérard et par M. l'Ingénieur hydrographe de Tessan.

Mais ce remarquable travail, exécuté aux débuts de la conquête, au milieu de difficultés de tous genres après avoir rendu pendant plus de trente années, d'éminents services, demandait à être remplacé par une série de levés entrepris sur des bases plus larges, à de bien plus grandes échelles, afin de répondre à de nouveaux et pressants besoins. Ce fut un officier supérieur de la Marine, recommandé par de belles observations sur plusieurs points du globe, M. le capitaine Mouchez qui en fut chargé. Il s'en acquitta à la grande satisfaction du monde savant qui avait suivi sa longue campagne hydrographique avec une vive sollicitude; et ce fut aux applaudissements de tous qu'il entra ensuite à l'Institut pour prendre, bientôt après, la direction de l'Observatoire de Paris.

Nous comptons bien que si M. Mouchez ne peut venir lui-même présenter l'historique de ces campagnes si éminemment utiles, il chargera quelqu'un d'en faire l'exposé si profondément instructif.

2° groupe — SCIENCES PHYSIQUES ET CHIMIQUES.

5° ET 7° SECTION. — *Physique, Météorologie et physique du globe.*

Physique ?...
Météorologie et physique du Globe.

Création du réseau Météorologique Algérien en vertu du décret du 5 février 1873. — Établissement des différentes stations par les soins de M. Tarry, de M. Sainte-Claire Deville, surtout et par ceux des Commissions météorologiques des trois départements, puissamment secondés en cette occasion par les Conseils généraux.

Résultats obtenus jusqu'à ce jour. Ils ont été tels que le Jury de l'Exposition universelle de 1878 a donné aux Observateurs du réseau météorologique algérien *un diplôme d'honneur* et à la Commission du département d'Alger *une médaille d'argent*, les deux plus hautes récompenses accordées à la Météorologie en cette année. Il faut reconnaître d'ailleurs que les travaux du réseau tenaient une large place dans le pavillon météorologique de l'Exposition.

Remarquons également que par les soins de la Commission d'Alger le réseau s'étend sur les parties les plus éloignées du Maroc, sur la Tunisie et que M. Féraud, consul général de France à Tripoli, vient, sur sa demande, de recevoir les instruments nécessaires à l'établissement d'une station météorologique.

Travaux remarquables de centralisation des résultats obtenus dans toute l'étendue du réseau, par le Service du Génie. Détails sur la publication de son *Bulletin météorologique* qui donne pour chaque jour l'état du temps en Algérie et à la surface de l'Europe, avec tous les indices nécessaires pour indiquer d'avance celui qui pourra avoir lieu, mais *seulement dans les limites imposées par l'état de la science*. Ces tableaux sont, à l'heure qu'il est, très recherchés par les météorologistes européens qui y trouvent chaque jour des remarques précieuses.

Températures moyennes des principaux points du réseau météorologique algérien, d'après les observations faites jusqu'à ce jour.

Tracé des différentes courbes météorologiques à la surface de l'Algérie, d'après les observations du réseau météorologique algérien : — marche du baromètre, des thermomètres, du pluviomètre, de l'humidité relative, des vents et de l'ozone.

Quantités du pluie annuelle tombées en Algérie sur les différents points du réseau météorologique.

Travail de M. Raulin, sur les pluies du

bassin méditerranéen et, entre autres, sur celles des territoires algériens.

Carte de la pluie d'après les observations précédentes.

Quantité d'eau tombée à Alger, chaque année, depuis 40 ans.

Quantité d'humidité relative de l'air observée chaque jour dans les différentes stations du réseau météorologique.

Quantité moyenne d'humidité relative par mois et par saisons.

Du nombre de fois que soufflent les vents principaux, chaque année sur les différents points du réseau météorologique.

De la force des différents vents.

Du régime des vents mis en rapport avec les saisons et les mois pour faire voir l'influence des uns et des autres. Observations du réseau météorologique.

De la température des différents vents suivant les mois et les saisons. Observations du réseau météorologique.

De l'action des vents sur la végétation des différentes parties de l'Algérie.

Du degré d'humidité ou de sécheresse des différents vents d'après les observations du réseau météorologique.

De la physionomie du vent chaud appelé *siroco*, depuis les temps anciens. Ses températures maxima. — Nombre de fois qu'il a soufflé par année. — Epoque des sirocos les plus chauds. — Son action sur la végétation. — Des moyens qu'ont les cultivateurs d'atténuer considérablement ses effets au moyen d'abris.

Evaporation — Du chiffre de l'évaporation sur les différents points du réseau météorologique algérien. — De la puissance évaporatoire de certains vents et surtout du siroco.

Observations sur l'ozone, faites aux différentes stations du réseau météorologique.

De la valeur négative et dérisoire de certaines prévisions, lorsqu'on vient à les rapprocher de celles qui résultent d'observations sérieuses et sérieusement faites.

De l'insuffisance des abris et de l'obligation où l'on est d'y remédier par tous les moyens possibles et surtout par les observations faites au moyen du thermomètre-fronde.

De la parfaite inutilité des pluviomètres à grande section et de l'exactitude des pluviomètres décuplateurs lorsqu'ils sont bien placés.

Chaleur solaire. — Supériorité du climat algérien sur les climats du Nord, à cet égard et comme durée et comme intensité. Résultats donnés par les expériences de M. Mouchot et détail de ces expériences.

Observations d'actinométrie ou de la valeur thermométrique du rayonnement faites sur différents points en Algérie.

De la valeur des températures par chaque cent mètres en plus dans l'altitude. Inexactitude des chiffres appliqués jusqu'à présent.

Des marées de la Méditerranée. Observations faites à Alger au moyen du maréographe de M. Chazalon. — Résultats obtenus.

Observations faites au fond du golfe de Gabès par M. Chauvey.

Valeur du niveau moyen de la Méditerranée adopté par les Ingénieurs des Ponts et Chaussées.

Curieuse indication de ce genre donnée par la nature.

—

3ᵉ et 4ᵉ SECTIONS

NAVIGATION. — GÉNIE CIVIL ET MILITAIRE

Le Bicoque de M. Chabassière

L'idée de M. Chabassière, qui fut l'objet de critiques souvent injustes, avait cependant quelque chose de très vrai et de très applicable, puisqu'il y a en ce moment, sur la Manche, un navire construit d'après le principe qui lui servait de base et qui fait le service d'une ligne de passage entre la France et l'Angleterre.

Nivellement général de l'Algérie. — Cette importante mesure dont l'exécution devient tous les jours plus pressante a déjà trouvé et trouve tous les jours, dans les grands travaux de la géodésie, dans les lignes de chemins de fer et dans les observations faites sur les différents points du réseau météorologique, de nouveaux et excellents points d'appui qui en faciliteront singulièrement l'achèvement.

Histoire de l'Agrandissement d'Alger. L'histoire du développement des principales villes indigènes ds l'Algérie dans lesquelles nous sommes venus tout-à-coup implanter de nouvelles populations dont l'activité et les besoins grandissent sans cesse, est un des faits les plus intéressants que présente l'histoire économique de l'Algérie.

On n'y a pas assez réfléchi jusqu'ici, mais le jour où on voudra bien s'en occuper on sera surpris de la somme considérable de travail et de dépenses qu'elles représentent. Et nous n'en sommes qu'au début !

La reconstruction des anciennes cités, la création de nombreux villages, les ouvrages de défense et d'installation militaires, l'ouverture de nombreuses routes, les ponts jetés sur quelques rivières, les grands travaux hydrauliques dont plusieurs ports ont été l'objet, les beaux barrages du Sig, de l'Oued-el-Hammam et du Fondouk, toutes les créations du service du Génie, du service des Ponts et Chaussées et du service des voleries départementales, constituent déjà dans leur ensemble une œuvre bien autrement grande que tout ce qu'ont fait les Romains dans l'ancienne Afrique.

Histoire de l'agrandissement d'Oran et de Tlemcen.

Histoire de l'agrandissement de Constantine et de Bône.

Travaux hydrauliques des ports d'Alger, de Philippeville, Bône, La Calle, Oran.

Régime des eaux domestiques et des eaux sauvages dans les trois grandes régions naturelles de l'Algérie, le Tell, les hauts Plateaux et le Sahara. — Travaux de feu M. Ville, ingénieur en chef des Mines.

Puits Artésiens. — Procédés employés par les Arabes du Sahara, dans l'Ouad-Righ, à Ouargla, etc. pour les creuser. Publication de feu M. Berbrugger.

Travaux de ce genre, exécutés dans l'O.-Ad-Righ, et dans le bassin de La Hodna par les Français au moyen des procédés européens. — Travaux de MM. Laurent, Degousie, Juss, Zickel, de Lillo.

Moyens employés dans le Touat pour obtenir des eaux d'irrigation au moyen de ce qu'on appelle *El-Fegaguir*, les Collecteurs.

La question de l'eau à Alger. — Divers systèmes d'approvisionnement proposés ; description de celui qui a sa tête dans la vallée supérieure de l'Harrach, à 36 kilomètres de son point d'arrivée.

Le Syphon de Constantine. — Emploi des anciennes citernes romaines restaurées.

Les eaux d'Oran. — Addition à celles que la basse ville possédait déjà, par l'apport des sources de Bridia, situées au-dessous de Misserguin, à 15 kilomètres de la ville.

Desséchement du lac Halloula. — N'est-il pas à regretter qu'en exécutant cette opération on ne se soit pas inspiré jadis de ce qui fut exécuté à Enghien près de Paris, où en faisant disparaître un marais infect on a créé en même temps un beau et grand lac qui a singulièrement contribué à l'assainissement et à l'embellissement du pays

Desséchement du lac Fezara, près de Bône. — Ce travail, qui est en voie d'exécution, peut suggérer la même réflexion.

Études sur les grands barrages du Sig, de l'Oued-el-Hammam et du Fondouk.

Du devasement des barrages. — Examen du procédé proposé par M. Calmels.

Détails sur la pose des différents câbles sous-marins qui sont immergés pour établir une communication électrique entre la France et l'Algérie.

La mer Intérieure du Sahara. Le projet de M. le commandant Roudaire a été l'objet d'affirmations et de dénégations aussi énergiques les unes que les autres et formulées par les hommes les plus compétents. Nous espérons bien qu'on profitera de la présence de l'Association à Alger pour nous dire le dernier mot de cette opération proposée.

On ferait d'ailleurs une bonne action en essayant de calmer les craintes de ceux qui ont eu la bonhomie de croire qu'une flaque d'eau de quelques cent mille hectares pouvait amener de grands troubles dans l'ensemble du *climat de l'Europe.*

6ᵉ *Section.* — CHIMIE

Il y a dans le Service des Mines d'infatigables travailleurs qui ont depuis trente ans analysé les innombrables échantillons qui leur sont apportés chaque jour, minéraux, eaux minérales, végétaux, terres, substances de toutes natures. On en trouvera les résultats dans d'énormes registres qui sont communiqués aux demandeurs avec la plus parfaite courtoisie et le plus grand empressement.

On trouvera là un stock de matériaux de haute valeur, et sans aucun doute la solution de problèmes très controversés.

Avis aux chercheurs.

Questions de chimie pure et de chimie industrielle ?

Recherches sur les principes actifs des plantes médicinales propres à la Flore Algérienne.

Analyse du Lakhmi ou sève de dattier appelé vulgairement *vin du dattier*.

Analyse de l'eau-de-vie de dattes et détails sur sa préparation.

Analyse de l'Anisette espagnole, et remarques sur les différences qu'elle présente avec l'Anisette ordinairement consommée en France.

Analyse de quelques absinthes du commerce.

Indiquer chimiquement la différence qu'il y a entre la térébenthine fournie par les vrais térébinthes et entre autres par le *Pistaccia terebenthus* et les térébenthines extraites des pins appartenant à certaines contrées de l'Europe.

La supériorité de la première est notoire et constatée depuis longtemps déjà, si elle n'est pas très connue : c'est elle qui servait à confectionner ces beaux vernis employés par les anciens peintres italiens, surtout par ceux de l'école Vénitienne ; ils ne jaunissaient jamais, alors que nos vernis actuels ont ce grand défaut au premier chef.

Les vernis italiens étaient préparés avec la térébenthine des îles de l'Archipel, Chio entre autres, qui abondent en pistachiers térébinthes : ce sont eux qui donnent cette gomme si remarquable appelée *mastic*, avec laquelle on se parfume la bouche. Ce genre de térébinthes se compte par milliers à la surface de l'Algérie. Pourquoi ne pas en tirer parti ? Le rendement serait des plus riches.

Les *eaux* de la Méditerranée contiennent une quantité assez notable de magnésie pour qu'il ait été nécessaire de modifier la composition des mortiers servant à la confection des blocs ou des travaux à la mer.

Il est à désirer que cette quantité de magnésie soit plus rigoureusement déterminée qu'elle ne l'a été jusqu'à ce jour, parce qu'elle variera avec le temps, attendu que toutes les eaux douces du massif de l'Atlas,

qui arrivent à la Méditerranée, y ajoutent
sans cesse. La magnésie est très abondante
dans toutes les terres algériennes, Tell et
Sahara, et cela pour le grand désagrément
de ceux qui sont obligés de les boire.

Existe-t-il, comme le pensent certains chi-
mistes, un moyen prompt et facile, de pré-
cipiter les sels de magnésie et autres qui al-
tèrent une grande partie des eaux algériennes, afin de les rendre potables ?

Les Arabes emploient à cet effet la noix de
Kola ou de Gourou, le fruit du sterculia
acuminata, que l'on recueille en abondance
dans le Soudan. Il faudrait rechercher quelle
est l'origine de cette action de la noix de
gourou.

Analyse des eaux des puits artésiens
de la Hodna, de l'Ouad Righ, de Ouargla, etc.
Travaux de M. Ville et de plusieurs médecins et pharmaciens militaires.

8° *Section* — GÉOLOGIE ET MINÉRALOGIE.

Etat d'avancement des cartes géologiques
dans les trois départements.

Travaux de MM. Pomel et Rocard, dans
l'Ouest, de M. Ville, au centre et dans l'Est,
de M. Brossard, sur la subdivision de Sétif,
de M. Hardoin, sur la subdivision de Constantine, de M. Fournel et de M. Tissot sur
l'ensemble de la province à laquelle cette
dernière ville donne son nom.

On connaît les belles études de M. Co-
quand sur les fossiles du massif de l'Aourès
et de d'autres parties contenues dans le même périmètre.

Je ne fais que rappeler les lumineuses
observations de M. Renou, qui le premier
essaya, à une époque où toutes les investigations de ce genre étaient bien difficiles
(1841), de déterminer les limites d'une partie des terrains qu'embrasse le Tell Algérien,
déterminations dont on a depuis tiré souvent
grand parti.

Il est vraiment à regretter que les travaux relatifs à la géologie de l'Algérie,

dont les résultats jouent un rôle si important dans toutes les recherches économiques auxquelles peut donner lieu l'étude de ce pays, n'aient pu être complétées jusqu'à présent. M. Pomel nous a assuré qu'il avait fait toutes les démarches nécessaires pour faire cesser ce fâcheux état de choses, et personnellement nous l'en remercions très sincèrement. En attendant ce moment si désiré voici quelques questions à examiner :

Déterminer avec la précision désirable l'étendue superficielle des divers terrains géologiques en Algérie.

De l'influence de la composition des terrains géologiques sur l'ensemble des créations naturelles et sur le climat.

Ainsi les plateaux du Sersou, qui s'étendent de Boghar à Frenda, par suite de l'introduction dans les terres de leur surface d'un élément étranger au reste des hauts plateaux, ont vu changer complètement leur production végétale ; l'halfa les environne sans y pénétrer et ils se couvrent chaque année d'abondantes moissons de blé et d'orge.

D'anciennes traditions dont on trouve la trace sur les cartes du Moyen Age, mentionnent l'existence d'un volcan dans le massif de l'Atlas marocain. Jusqu'à présent le fait n'a pas été confirmé.

M. Ville a signalé l'existence, d'après M. Sollier, pharmacien aide-major, d'un monticule entièrement formé de *laves* d'où s'échappent les sources thermales des Hammam-ben-Hennefia, à 20 kilomètres au Sud-Ouest de Mascara. Quelle est la nature de ces laves ? Appartiennent-elles réellement à cette espèce de roches ?

M. le commandant Titre, de l'Etat-major, dont on connaît les beaux travaux topographiques, est l'auteur d'une théorie parfaitement étudiée sur les causes qui ont donné au massif Atlantique tout entier, ses formes actuelles.

Nous espérons qu'il voudra bien faire un exposé complet de cette théorie, dont une des expressions les plus remarquables est une série de belles cartes dessinées par l'éminent topographe avec cette saisissante méthode dont il a seul le secret.

Chotts. On sait la place que tiennent ces grands bas-fonds dans la physionomie des Hauts-Plateaux d'halfa.

J'ai attribué leur origine à un affaissement du sol qui les constitue, amené par le tassement qu'entraîna l'infiltration des eaux dont ils sont le dernier réceptacle. (*Revue de 'Orient*, XII. 492). MM. Pouyanne et Dastugue n'y voient qu'un simple phénomène dû à la seule action des pluies et des vents (*Bulletin de la société de Géographie de Paris*, 6° série, tome 7, pages 145-146). Nous demandons que la question soit examinée de nouveau.

Le Calcaire éruptif. — Au milieu des terrains primitifs et secondaires du massif d'Alger et sur d'autres points de l'Algérie, on a signalé la présence d'un calcaire gris cristallin qui fournit à la ville d'Alger toute la chaux pour ses constructions. L'origine de ce calcaire a été très discutée. M. le docteur Bourjot y voit le résultat d'un phénomène d'éruption. Mais comme cette solution a été vivement contestée, nous demandons qu'elle soit l'objet d'une discussion approfondie.

L'apparition des gypses accompagnant les grandes émissions salines du massif atlantique : à El-Outaïa, aux Rochers de sel de l'Oued-Djelfa, à la Montagne de sel du Djebel-Amour, au rocher de sel de Ghasoul, etc. — semble s'être faite suivant une certaine loi sur laquelle M. Sainte-Claire-Deville avait attiré notre attention. Indiquer les rapports qu'elle peut avoir avec les grandes orientations du massif.

Phosphates. — Malgré la fertilité naturelle des terres algériennes, elles ont été en partie déjà utilisées depuis tant d'années sans recevoir aucun élément réparateur, elles sont d'autre part, si souvent lavées par les pluies de chaque année, qu'on peut croire qu'elles ont perdu une bonne quantité de leur puissance productive.

Il serait donc indispensable de les revivifier par tous les moyens qu'enseigne l'agronomie moderne. Un des plus puissants est l'usage des phosphates. Malheureusement les explorations ne paraissent pas être arrivées à en signaler aucun gîte puissant.

M. Tissot, ingénieur des mines à Constantine, pense que le terrain suessonien de cette province contient des phosphates et qu'il devra être étudié à ce point de vue. On y rencontre souvent la surface noduleuse de cette sorte de fossilisation.

Etude définitive de la Mer saharienne. — Y a-t-il eu, oui ou non, une mer saharienne ? Nous demandons avec instance qu'on tranche cette question ; cela est-il possible dans l'état actuel de nos connaissances ? Si les documents sont insuffisants, qu'on prenne les mesures nécessaires pour les compléter ; cela ne saurait être ni bien long ni bien difficile ; les explorations que nécessite la création du trans-saharien rendront dans tous les cas la chose plus aisée.

Origine des sables sahariens. — Formation des dunes. MM. Vatonne, docteur Marès, Duveyrier et Pouyanne ont déjà apporté d'excellents matériaux pour l'étude de cette dernière question. — A quelles eaux faut-il attribuer la formation des *Garas*, ces témoins si remarquables d'un ancien état des régions sahariennes ?

Est-ce à cet ancien état que l'on doit rattacher les grands courants d'eau, aujourd'hui desséchés, qui traversaient jadis le Sahara sur d'immenses étendues, comme l'Igharghar, qui a le même développement que le Danube, mille kilomètres ?

Quelle est la cause première de l'assèchement des fleuves et des rivières sahariennes, assèchement qui semble se continuer encore comme tendrait à le prouver l'extinction successive d'un assez grand nombre de sources qui coulaient encore à une époque peu reculée, même contemporaine ?

Comme les moyens d'exploitation que possédaient les Romains étaient fort éloignés de ceux dont nous disposons aujourd'hui, que la période musulmane n'a en définitive rien produit, les richesses minérales de l'Algérie nous sont arrivées pour ainsi dire dans leur intégrité. Les découvertes, faites chaque jour, de métaux et de minéraux des espèces les plus variées le prouvent surabondamment. Cependant il est quelques gisements anciens que l'on n'a pas encore retrouvés, tels que les *mines de cuivre* de Sigus, malheureusement célèbres dans l'histoire des martyrs chrétiens, e*. les carrières qui ont fourni les beaux fûts de *marbre numidique* que l'on voit dans les ruines de plusieurs grands monuments romains.

Des eaux minérales de l'Algérie au point de vue de la colonisation. M. le docteur E. Bertherand étudie cette question depuis plusieurs années avec un grand esprit de suite et il a démontré de la manière la plus remarquable de quelle importance elle était dans la marche et le développement du pays.

9ᵉ SECTION. — BOTANIQUE.

Déterminer avec autant de précision que cela est possible, les limites géographiques des grandes régions botaniques qui divisent la surface de l'Algérie.

Du mode de propagation des espèces végétales du continent africain aux îles méditerranéennes et au midi de l'Europe, et vice-versa.

Sur l'importation en Algérie de végétaux

provenant des régions infectées par le phylloxéra.

Des végétaux les plus énergiques à employer pour le desséchement des terrains marécageux.

Renseignements sur la flore fossile de l'Algérie, qui a été jusqu'à ce jour fort peu étudiée.

10ᵉ SECTION. — ZOOLOGIE ET ZOOTECHNIE

Etudes de zoologie proprement dite sur l'Algérie et les régions voisines.

De la distribution des espèces animales à la surface de l'Algérie.

M. Bourguignat a déjà publié, dans ses *Etudes malacologiques*, la carte géographique des Hélices. Il serait très bon d'en faire autant pour chacune des espèces qui jouent un rôle plus ou moins important dans la vie générale du pays. Ainsi il nous faudrait une carte des chevaux et des autruches.

Le cheval. — Le cheval barbe n'est que le cheval arabe modifié par l'influence des milieux et qui a cependant conservé les plus précieuses qualités de son auteur. Suivant quelques documents très positifs on devrait même le regarder comme supérieur à de certains égards. Il a incontestablement besoin d'être relevé, et les mesures que l'on a déjà prises ont amené des résultats remarquables, mais il faut les continuer sans se lasser et y ajouter par tous les moyens possibles.

Les différentes divisions reconnues par les Arabes dans l'ensemble de la race indigène se sont-elles maintenues avec les qualités qui leur sont propres?

Le général Daumas en a donné l'énumération dans son ouvrage intitulé les *chevaux du Sahara* et on devra y avoir recours pour reprendre cette étude si importante.

On pourra se proposer de résoudre différentes questions intéressantes, telle que celle-ci, par exemple :

La couleur est-elle restée, comme le croyent les Arabes depuis les temps les plus reculés, l'indice des qualités dominantes du cheval arabe ? Est-ce toujours la couleur alezan brûlé qui est de toutes la plus recherchée sous ce dernier rapport ? Cette couleur s'est-elle conservée chez le cheval barbe ou a-t-elle subi l'influence du changement de pays ?

Il faudrait aussi sortir de la poésie et de tous les rabachages plus ou moins hyperboliques du verbiage arabe, pour déterminer d'une manière mathématique ce qui fait la supériorité du cheval arabe et indiquer les mesures à prendre pour lui conserver cette supériorité.

Du reste je ne pense pas que nous arrivions jamais par nous-mêmes, à de grands résultats quant à l'élevage des chevaux, parce que nous ne les aimons pas. Heureusement nous avons à côté de nous un peuple de serviteurs qui au contraire les idolâtre, et c'est ainsi que la question reprendra toute sa valeur.

Le mouton et l'âne. — Le nord de l'Afrique semble être une des stations de prédilection du mouton et il est très probable, d'après ce que dit Columelle *(De Re Rustica, VII, 2)* que c'est de l'ancienne Mauritanie *(province d'Oran et d'Alger)* qu'est originaire le mérinos d'Espagne.

Malheureusement l'élève du mouton, qui est tout entière entre les mains des Arabes, se fait dans des conditions déplorables. Nous appelons sur cette question si importante toute l'attention de nos administrateurs. Les hauts plateaux d'halfa, convenablement aménagés, peuvent être, pour la France, une véritable Australie.

Nous voudrions bien aussi que l'on s'occupât de l'*âne*, dont les indigènes ont complètement abâtardi la race.

Le mouton et l'âne ont, chez les Touaregs, subi, d'une façon considérable, l'influence des milieux ; ils y sont l'un et l'autre d'une taille remarquable, mais le mouton ne donne déjà plus de laine ; c'est un animal à poil, comme dans le Soudan.

Le *Chameau*. — Le rôle considérable que joue le chameau dans la vie générale du Sahara, mérite qu'on en ait une monographie complète. On pourra consulter Duveyrier qui l'a exquisée dans son livre sur les Touaregs du Nord.

Il faudra avoir bien soin de faire la part de ce qui concerne le chameau de charge en arabe *Djemel*, en touareg *Amis* ou *touali*, et le chameau de course, le véritable dromadaire, en arabe *Méhari*, en touareg *Aghelam*.

Le *Zébu*. — Il y aurait à rechercher si le zébu ou bœuf à bosse (*Esou* en touareg) très commun dans le Soudan, ne pourrait pas être introduit dans le Tell algérien. Cet animal doux, intelligent, sobre, facile à manier, peut servir également et comme bête de somme et comme bête de trait.

Dans tous les cas on devrait bien s'occuper de suite de la domestication du *Bubale*, *beugr-el-ouahche*, le bœuf sauvage des arabes, laquelle se présente dans des conditions tout à fait particulières de réussite, puisque l'animal va pour ainsi dire au-devant des mesures qu'il y aurait à prendre pour cela. Les Bubales s'associent sans qu'on les y oblige, aux premiers bœufs qui se présentent à eux et ne cessent de les suivre. La viande de ce quadrupède est excellente et sa domestication finirait par offrir ainsi un important appoint à la consommation.

Il est quelques animaux des pays touaregs dont il serait intéressant de déterminer l'espèce : le *Tahouri*, l'*Adjoulo*, l'*Akaokao*,

Le *Tahouri* est un grand carnivore, de la taille de l'hyène commun au Touàt et chez les Touáregs, ainsi que dans l'Afrique centrale.

L'*Adjoulé* est un carnivore semblable à un grand chien fauve, une espèce de loup, qui vit dans les montagnes des Hoggar.

L'*Akaokao*, est un petit mammifère noir, à peau extrêmement dure, qui vit dans les ravins des environs de Ghât.

On parle souvent chez les Touáregs de deux espèces de serpents fort curieux, mais que peu de personnes ont vus.

Les *Ours*. — Il paraît résulter d'observations précises que ce passage de Pline, VIII, 54, est erroné : On a noté dans les annales que sous le consulat de M. Pison et de M. Messala, avant le 14 des calendes d'octobre (18 septembre), Domitius Ahenobarbus, édile Curule, exposa dans le Cirque *Cent ours de Numidie* et autant de chasseurs Ethiopiens. Il est étonnant que l'on ait ajouté : de *Numidie*, car il est certain que l'Afrique ne produit pas d'ours. N'en déplaise à l'ombre du grand naturaliste romain, il s'est complètement trompé, les Bestiaires qui faisaient l'annonce au public de tout ce qui se montrait dans l'arène, le savaient mieux que lui, et il paraît qu'il y a plusieurs années, on a encore *tué plusieurs ours* dans l'arrondissement de Bône. Bien qu'il n'y ait pas à douter du fait, je demande qu'on le vérifie de nouveau. Affaire de donner aux études zoologiques des documents certains.

Des *Singes*. — Voici un autre fait de même genre à vérifier. N'y a-t-il bien, dans le Nord de l'Afrique que deux espèces de singes, celui du territoire de Bougie et celui des Gorges de la Chifa ?

Les *Grèbes*. — Le desséchement du lac Fézara et celui du lac Halloula, vont amener la disparition des Grèbes aux séduisantes fourrures. N'y aurait-il pas quelque mesure à prendre pour conserver à l'Algérie cet intéressant oiseau ?

Les *Autruches*. — Les résultats considérables auxquels les Anglais sont arrivés dans l'élevage des Autruches au Cap de Bonne-Espérance, ont engagé plusieurs personnes à les imiter en Algérie.

C'est à M. Hardy que l'on doit les premiers essais tentés à cet égard; mais cette nouvelle industrie a été reprise avec encore plus de succès par M. Rivière, l'habile et savant directeur du jardin d'Essais, par Mme Carrière et par M. Say, l'intrépide explorateur des solitudes sahariennes. Un ingénieur civil, M. Oudot, qui a coopéré à toutes ces tentatives, va publier chez M. Challamel, l'intelligent éditeur parisien, un ouvrage complet sur la matière. Il ne restera plus qu'à passer, sur une plus vaste échelle encore, de la théorie pratique à des entreprises plus considérables.

La *Vipère à cornes*, en arabe *Lefaà*. Etude des moyens curatifs employés par les Arabes, pour neutraliser les effets terribles de sa morsure.

Les *Éponges*. — L'Archipel grec paraît être le lieu de prédilection des plus belles éponges. Mais quelques spécialistes pensent qu'on pourrait aussi obtenir de très beaux produits de ce genre sur les côtes de l'Algérie.

Nous prions ceux qui se sentiraient quelque goût pour l'étude de cette question de vouloir bien l'entreprendre.

Les *Sauterelles*. — Etudes sur leur origine, sur leurs migrations, sur leurs différentes espèces et enfin sur les moyens les plus pratiques de prévenir leurs invasions et de diminuer leurs ravages. Mr le capitaine du génie Brocard a publié dans le bulletin mensuel météorologique de l'Algérie un travail très étudié sur l'invasion de 1876.

Les *Abeilles*. — La flore naturelle de l'Algérie, la douceur de son climat, l'indiquent comme une des contrées destinées à devenir le siège d'un élevage considérable d'abeilles. Les Arabes en possèdent beaucoup; la production et la consommation du miel parmi eux, sont des plus importants. Rapprocher leurs procédés de ceux employés par les Européens et dire de quel côté est l'avantage.

La *Pisciculture*. — La pisciculture ne sera possible en Algérie, que lorsque les eaux auront été soumises à un système général d'aménagement dont la plus haute expression est le *barrage*. Les essais de M. le général Liébert, à Millana, démontrent qu'il suffira de s'y appliquer lorsqu'on disposera de suffisants moyens d'action et qu'en peu de temps le pays y trouvera d'amples ressources.

Sériciculture. — Tous ceux qui connaissent les nombreuses difficultés qu'éprouve en France la sériciculture et les facilités de tous genres que lui offre l'Algérie, se demandent comment cette branche si riche de l'industrie agricole n'y a pas pris le plus vaste développement.

Indiquer les causes de cet état de choses et les moyens d'y remédier. On aura bien mérité du pays !.

11° SECTION. — ANTHROPOLOGIE.

Pendant les quinze années que j'ai parcouru l'Algérie, il m'a été permis de donner les plus sérieuses attentions aux questions anthropologiques et je n'ai rien négligé pour en faire une étude aussi approfondie que possible. Ce n'est que tout récemment que j'ai pu résumer les chiffres sans nombre qui en sont comme l'expression dernière. Mais alors il faut reconnaître que les chiffres que nous employons, ceux que j'ai employés moi-même jusqu'ici, pour exprimer la valeur numérique relative des deux principales races indigènes de l'Algérie sont très loin d'être exacts, ainsi que je le démontrerai prochainement.

En un mot il n'y a en Algérie que *fort peu* d'individus appartenant à la *race Arabe*; la très grande majorité de la population est d'origine *berbère*.

Le fait est d'une telle importance pour les intérêts économiques de l'Algérie que je désire vivement qu'il soit examiné et critiqué avec le plus grand soin.

Aux considérations de chiffres il faut en ajouter d'autres qui leur donnent une valeur considérable. Il faut y joindre celles que l'on peut tirer de l'examen craniologique des deux groupes. Eh bien, cette étude nous montre de la manière la plus éclatante que nous sommes vis-à-vis de deux crânes entièrement différents ; l'un, celui des Berbères, complètement brachycéphale, plein, presque globulaire, au front large, perpendiculaire sur les orbites, le crâne d'un être positif et sensé, le crâne d'un travailleur, l'autre manifestement dolichocéphale, au front déprimé, rejeté en arrière, et dont la tête pointue à son sommet vers le cieux, comme pour ne laisser aucun doute sur les tendances irrésistibles à la rêverie et au fanatisme religieux de la race Arabe, tendances qui lui font repousser toute idée de fusion avec ceux qu'elle traite si insolemment d'*Infidèles*.

J'ai cherché à dégager le vrai type berbère du milieu de tous ceux que j'ai pu examiner, mais je ne pense pas y être arrivé complètement.

Chez les berbères Algériens il est très altéré par des mélanges divers; chez les Touâregs par une intrusion plus ou moins considérable de sang noir; on a de grandes chances de le trouver pur chez les Berbères marocains, parce qu'ils ont été fort peu atteints par l'invasion Arabe et qu'ils sont trop pauvres pour avoir introduits parmi eux beaucoup d'esclaves du Soudan.

Tous les ans 6 à 8,000 berbères marocains se rendent dans la province d'Oran et il y en a de toutes les parties de l'Atlas occidental ; on ne saurait donc craindre l'absence d'éléments d'études et d'études faciles.

Origine des Berbères. — L'origine des Berbères est encore très discutée, et le caractère de leur langue, qui jetterait une si vive lumière sur cette importante question, est fortement controversé.

Renan en fait une langue chamitique, mais plusieurs philologues algériens, tels que M. Letourneux, le commandant Rinn, M. Masqueray, semblent disposés à n'y voir qu'un dialecte sémitique dont les racines se cachent plus ou moins profondément sous les évolutions de leurs dérivés.

En ce qui touche à l'origine même du peuple berbère, si on accepte la donnée qui le fait venir dans le Nord de l'Afrique par la vallée du Nil, et le détroit de Bâb el Mandeb le centre et le Nord de l'Arabie, il faudra ajouter à leur itinéraire une nouvelle étape qui les rapproche de l'Inde. En effet Firdousi dans son *Chah Namèh*, le Livre des Rois (de Perse), mentionne le *Berberistan*, le pays des Berbères comme une des plus puissantes provinces de l'Empire de Kei-Kaous, l'avant dernier des souverains qui ont précédé le grand Cyrus.

Division des Berbères. — Les hommes versés dans la science des généalogies, dit Ibn Khaldoun (Tome 1ᵉʳ p. 168), s'accordent à rattacher toutes les branches du peuple berbère, à deux grandes souches, celle de Bernès et celle de Madghis. D'après eux encore, les Beranès ou descendants de Bernès, forment sept grandes tribus : les Azdadja, les Masmouda, les Aoureba, les Adjisa, les Kétama, les Sanhadja et les Aourigha, auxquels il faut ajouter les Lamta et les Guezoula.

Aux Aourigha se rattachent les Hoouara,

une des plus grandes subdivisions des Beranès.

Les Boïr, descendants de Madghis, forment quatre grandes familles : les Addasa,
les Nefousa, les Darisa et les Loouâta.

Les tribus berbères de l'Algérie appartiennent surtout aux Beranès, ainsi que
celles qui peuplent le Sahara central (les
Imochar ou Touâregs) et occidental : ce
sont les Senhadja, forme arabe du mot berbère *senhega*, avec un g doux, qui ont donné leur nom au *Sénégal*.

Il est encore temps de recueillir tous les
renseignements qui peuvent nous permettre
de rattacher les tribus berbères de l'Algérie, aux grandes divisions de la race berbère, mais il ne faut pas tarder, parce que les
remaniements administratifs auxquels vont
être soumises toutes les populations indigènes, rendront la tâche de plus en plus difficile,
jusqu'au jour où ils auront même effacé tous
les souvenirs.

Ce que j'ai observé en débutant sur l'importance des questions de race, suffit pour
donner une idée de la valeur des remarques
que je fais ici.

Les Chaouïa. — La tendance à se fixer,
à s'installer, à s'établir, semble être un des
côtés très caractéristiques de la race berbère. Mais, elle a dû, avant de pouvoir y obéir,
passer de longs siècles, par un état, tout à
fait opposé, l'état nomade. On le retrouve
encore en Algérie, chez quelques-unes de
ses tribus auxquelles les Arabes ont imposé,
par cela même, la dénomination particulière de *Chaouïa*, les pasteurs de moutons.
Cet état qui sur certains points, comme dans
le département de Constantine, a persisté,
malgré les invasions les plus terribles, se
rattache-t-il à une différence notable entre
la constitution cérébrale de ces Chaouïa, et
celle de leurs congénères ? Voilà ce qu'il
faudrait rechercher avec soin, attendu qu'on

se trouve là vis à vis d'un fait capital dans la vie de ce grand peuple des berbères.

Eléments étrangers aux populations Algériennes. — On a plusieurs fois signalé la présence au milieu des tribus algériennes, d'éléments qui paraissent leur être étrangers. C'est ainsi par exemple que dans les tribus berbères des montagnes le nombre des *individus à yeux bleus, à cheveux blonds*, est assez fort pour avoir attiré l'attention des étrangers ; les uns l'ont évalué à 1/10°, les autres à un chiffre plus élevé ; la question est assez intéressante pour mériter un examen sérieux.

On a établi un rapport complet entre ces individus et les *Tamhou*, peuple que les anciens documents égyptiens placent de ce côté. D'autres ont voulu y voir les restes des populations Vandales qui envahirent le nord de l'Afrique au 5° siècle.

Tout ceci paraît exiger de nouvelles et sérieuses études.

Les Bohémiens. — J'ai rencontré à plusieurs reprises au milieu des tribus, des individus appartenant à la race des Rômes ou Bohémiens, dont ils avaient du reste tout le faciès. On n'a pu ou voulu me donner à leur sujet que fort peu de renseignements ; je crois donc devoir les signaler aux investigateurs.

Tribus juives. — Certains écrivains arabes et les traditions locales, signalent l'existence dans le nord de l'Afrique de *tribus juives* devenues musulmanes et au sujet desquelles nous pensons qu'il serait intéressant de réunir le plus de données possibles.

Le voyageur anglais Davidson a traversé dans la chaîne de l'Atlas marocain, en 1836, quelques centres exclusivement peuplés d'israélites cultivateurs, qui ignoraient l'existence de plusieurs des derniers livres de la Bible. Voyez son *African. Journal*.

Emigrés de Chanaan. — On connaît ce passage de la guerre vandalique de Procope où cet historien parle de deux colonnes, érigées à Tigisis, et sur lesquelles on lisait, en caractères phéniciens : *Nous sommes ceux qui fuyons devant la face du bandit Jesu, fils de Navé*, Jesu étant là pour Josué.

Tigisis était une petite ville de la Numidie, sur la route de Sigus à Gazaufala *(K's'ar Sbahi)* et dont on voit les ruines à 13 kilomètres dans l'Est-Nord-Est de Sigus, aux abords de la grande plaine appelée Bahira Thoutla. Que sont devenus ces émigrés de Chanaân, fuyant devant l'invasion israélite ? Y en a-t-il quelques restes dans l'Algérie orientale ?

La disposition donnée par Ibn Khaldoun à son énumération des grandes divisions du peuple berbère, nous en a fait omettre une et des plus importantes, celle des *Jenètes ou Zenata*, comme disent les Arabes, qui occupait tout le Sahara tunisien, le Maghreb central, le Sahara algérien, le Sahara marocain, et quelques parties voisines du Tell. Leurs tribus les plus importantes étaient les Djeraoua, les Magraoua, les Beni Ifren, les Beni Ouasin.

J'ai cru devoir faire cette rectification afin de rendre plus compréhensible ce qui va suivre.

Un homme bien connu par ses travaux géographiques sur le nord de l'Afrique, M. d'Avezac, avait déjà montré en 1840 *(Bulletin de la Société de Géographie de Paris, 2ᵉ série, Tome XIV)* tout l'intérêt que présenterait une étude des différents types que doit offrir la race berbère.

« Une recherche digne de toute l'attention, de tout le zèle curieux de l'ethnologue, dit-il, c'est le triage des types divers qui coexistent dans la masse des nations appelées aujourd'hui Berbères, de manière à pouvoir dire avec quelqu'assurance : Là, sont les traits caractéristiques de Senhega et c'est l'an-

cienne race de l'Yémen ; — là, les caractères propres à Zénéta et c'est la race issue
d'Amalek ; — ici les traits dominants des
Berbères du Marok, et probablement ce sont
les enfants des Maures ; — Sous cet autre
aspect se présente la physionomie spéciale
des Kebaïls de l'Algérie et ce sont les descendants des Numides ; — mais ils ont des
caractères communs, qui se retrouvent plus
généralement parmi les montagnards de la
Tunisie, et cette ressemblance leur vient à
tous de leur source libyenne ; — puis, au-
delà d'une limite déterminée se montrent
tels autres traits, et l'on peut conjecturer
qu'ils nous révèlent les Gétules. — Et ainsi
de suite pour bien d'autres catégories.

« Voilà une étude longue, délicate, labo-
rieuse ; et ce n'est pourtant, qu'à ce prix
qu'on peut espérer de démêler entre eux
des éléments hétérogènes réunis par le lien
commun de l'habitat, des mœurs et du langage.

« Mais avant tout, ce langage lui-même,
et les différents dialectes entre lesquels il
se fractionne, sont un premier sujet d'investigation à peine effleuré.

« Aussi allons-nous signaler au zèle stu-
dieux des linguistes, et des ethnologues les
échantillons sur lesquels peuvent, dès à
présent, s'exercer leur esprit d'analyse et leur
sagacité. »

Voyez le Bulletin de la Société de Géographie de Paris que j'ai signalé en débutant.

Bien que nous soyons fort loin d'accepter
quelques-unes des synonymies mentionnées
par le savant académicien, il nous a paru
indispensable de reproduire ici cette partie
de sa note sur les documents relatifs à la
langue berbère.

C'est dix-huit ans après la publication de
cette note qu'a paru le premier des importants travaux du capitaine, depuis général
Hanoteau, travaux qui figurent aujourd'hui

en tête de tout ce qui a été écrit sur cette grande question de linguistique.

Inscriptions Libyques — Et puisque nous venons de montrer le haut intérêt qui s'attache à l'étude du berbère, ce serait un grave oubli de notre part que d'omettre les savantes recherches sur les inscriptions Libyques du Docteur Judas, du Docteur Reboud, de MM. Faidherbe, Letourneur et Cahen. Nous désirons vivement, dans l'intérêt même de la question, qu'elles soient portées devant l'Association pour l'avancement des sciences.

Anciennes populations du Nord de l'Afrique. — Il y aurait d'importantes études à faire sur les anciennes populations du Nord de l'Afrique, celles qui s'y trouvaient lors de l'arrivée des Berbères.

Autant qu'il est permis d'en juger par de nombreux débris encore existant sur place dans toutes les parties du Sahara septentrional, ces populations appartenaient à la race nègre.

La tradition est d'accord avec les faits lorsqu'elle dit : « Les plus anciens habitants des Oasis étaient des *Berdouna*, c'est-à-dire des noirs semblables à ceux du Bournou et aux Tebou »

Garama, appelée encore aujourd'hui *Germa*, donna comme capitale son nom à une de leurs plus puissantes tribus, les *Garamantes*, qui, à l'époque romaine, avait une autonomie assez remarquable.

Au commencement du 2ᵉ siècle de notre ère, Ptolémée fait l'énumération de celles de ces peuplades qui résistaient encore à l'envahissement des Berbères.

C'est incontestablement à ces anciennes populations Ethiopiennes qu'il faut reporter l'origine du culte ou du moins d'une vénération toute particulière, des Esprits, dont j'ai retrouvé plusieurs vestiges très nettement accusés chez certaines tribus berbères *musulmanes* de l'Algérie, tant les nouvelles

religions ont de peine à déraciner leurs aî-
nées. On sait par tous les voyageurs que le
culte des Esprits est général dans toute
l'Afrique centrale et méridionale. Ce sont
ces Éthiopiens aussi qui sans aucun doute,
ont tracé sur les roches de l'Oasis de Tiout,
sur ceux des environs de Moghrar, sur les
flancs de la Khrenga des Sellaoua de l'Oued
Cherf, ces grands tableaux des principaux
faits de leur vie journalière, au milieu des-
quels on remarque des incidents de la nature
la plus étrange. Ceux de la Khrenga ont été
étudiés par M. de Vigneral, dans sa publication sur les ruines romaines du cercle de
Guelma.

On peut écrire sur le sujet que nous signalons ici un mémoire du plus saisissant intérêt
et qui serait, sans aucun doute, des plus fa-
vorablement accueillis par l'Association pour
l'avancement des Sciences.

Que l'auteur veuille bien ne pas oublier
de faire remarquer la grande similitude qu'il
y a entre ces naïfs dessins et ceux que Barth
et les explorateurs de l'Afrique australe ont
reproduits. Il semble y avoir là la même
unité que dans tout ce qui touche au préhistorique.

Nous voudrions bien aussi qu'on détermi-
nât le sens précis des mots Lybie et Libyens,
employés par les Grecs pour désigner le Nord
de l'Afrique et ses habitants.

En même temps on pourra peut-être nous
permettre d'apprécier ce qu'il peut y avoir
d'exact dans le rapprochement fait par Au-
capitaine, Tauxier et Faidherbe, entre ces
mêmes Lybiens et les peuples Thamou des
grandes inscriptions historiques des monuments Égyptiens.

Nous commettrions une véritable injustice
si nous ne mentionnions pas, au sujet de ces
populations berbères ou autres, les travaux
de Pascal Duprat, du baron de Slane, de
M. Vivien de Saint-Martin, du docteur
Bourjot, du docteur Faure, de MM. Auca-

pitane, Faidherbe et Tauxier, mais surtout l'ouvrage de Pomel, où la matière est traitée de main de maître.

Du reste la question berbère est tellement vaste qu'elle admet toutes les divisions des plus grandes études ethnographiques. Ainsi il y a une archéologie berbère des plus étendues et au sujet de laquelle il y aurait de nombreuses interpellations à faire. Je les réduirai, à une seule pour le moment, en demandant à quelques-uns de nos infatigables travailleurs de porter plus particulièrement leur attention sur les tombes plates de la vallée de Sebdou, sur celles que l'on rencontre entre Daïa, Saïda, et Frenda, sur les tumulus du Sersou, et de la vallée du Nahr Ouassel, sur les tombes des rives de l'Oued Tagguin, sur les tombes si originales des Beni Sfao, dans l'arrondissement d'Aumale. sur les tombeaux et les tumulus des régions septentrionales et centrales du département de Constantine, sur ceux du Massif de l'Aurès, et du Mengoub, aux sources de l'Oued Itel, dans le Sahara, ainsi que sur les autres monuments du même genre que l'on trouve répandus à la surface de cette vaste région.

Ethnographie du Sahara. — L'ethnographie du Sahara est encore aussi confuse que sa géographie. Je ne parlerai pas de celle-ci, parce que les lacunes qu'elle présente de toutes parts disparaissent chaque jour devant les travaux des officiers d'Etat-Major attachés aux colonnes appelées de temps à autre à parcourir cette grande région. Quant à l'*Ethnographie*, elle offre encore à l'étude des sujets du plus haut intérêt. Je n'en mentionnerai que quelques-uns.

1° — Rechercher, l'histoire à la main (Ibn Khaldoun surtout), dans quelle proportion les éléments arabes venus de l'Orient, ont pu se mélanger avec l'ensemble berbère qui constituait au XI° siècle la population des régions sahariennes.

2° — Examiner dans quelle proportion le sang noir se trouve mélangé au sang berbère ou arabe, dans le Sahara, soit qu'il résulte de la fusion des berbères ou des Arabes avec les anciennes populations Ethiopiennes, soit qu'il résulte de l'importation des nègres du Soudan, par la traite.

Le préhistorique en Algérie. — L'humanité, à peine échappée de son berceau, vient de retrouver une partie des éléments de ce qu'elle appelle, un peu emphatiquement, ses plus antiques annales. Il n'était que temps vraiment qu'elle pût s'emparer de l'insaisissable vérité, pour reconnaître que sortie des limbes de l'animalité, elle en porte encore les traces les plus profondes. C'est ce que prouve l'étude de celles de ses histoires les plus largement écrites, celles de l'Égypte et de la Chine, lorsqu'on en rapproche le commencement des faits contemporains du 6° jour de la Bible, pour nous servir d'une expression empruntée à la plus puissante conception génésiaque imaginée jusqu'à présent, le mot *jour*, pris, bien entendu, dans sa véritable acception, comme synonyme d'*époque*.

Les études préhistoriques sont si récentes en Europe qu'elles ne sauraient être bien anciennes en Algérie ; elles remontent à peine à une vingtaine d'années. Il fallait en effet, pour les entreprendre, un calme relatif qui est lui-même très récent. Malgré cela les résultats sont déjà importants.

On a trouvé en Algérie des celts, des haches, des pics, des ciseaux, des gouges, des couteaux, des pointes de flèche, des éclats en quantité ; mais ce que nous croyons devoir signaler à l'attention toute particulière des archéologues, c'est la nature très remarquable du silex avec lequel ont été confectionnés les objets préhistoriques du Sahara, un silex d'un blanc laiteux, cristallin, ou compact, que l'on n'observe que très rarement en Europe, tandis que chez nous il est des plus abondants.

Recherches à faire

1° Il serait essentiel de faire, dès aujourd'hui, l'histoire des découvertes auxquelles le préhistorique a successivement donné lieu en Algérie. La plupart de leurs auteurs existent encore et pourraient facilement donner les moyens de combler les lacunes qui se présenteraient naturellement dans cet exposé déjà fort étendu.

2° Faire le tableau complet de toutes les localités où l'on a trouvé des instruments en silex, de quelque nature qu'ils soient et quelqu'en soit le nombre.

3° Etablir une comparaison sérieuse entre les instruments en silex de l'Afrique du Nord et ceux du continent européen. Indiquer les similitudes ou les différences. Ce que nous savons aujourd'hui révèle dans ces objets d'aspects très divers, qu'ils appartiennent aux parties les plus éloignées des cinq continents, une unité de facture qui a lieu d'étonner et qui devra être l'objet d'un examen approfondi.

4° M. l'abbé Richard, s'était cru autorisé par ses nombreuses explorations préhistoriques, à s'exprimer ainsi au sujet des lieux où se rercontrent le plus ordinairement les objets en silex : « L'existence du silex dans les formations géologiques d'un pays étant certaine, on trouvera toujours un atelier ou un dépôt plus ou moins riche près de la source ou des sources les plus connues de cette même contrée. » J'ai eu nombre de fois l'occasion de reconnaître l'exactitude de cet énoncé axiomatique, mais je prie les chercheurs de signaler tous les faits qui pourraient en augmenter la valeur.

Le Bulletin de la Société climatologique d'Alger a apporté à l'étude de l'archéologie berbère et du préhistorique des matériaux d'une incontestable valeur auxquels nous renvoyons.

Espérons d'un autre côté que M. Largeau pourra faire devant l'Association un exposé de sa belle exploration préhistorique du vaste bassin de Ouargla.

Monuments celtiques

Ceci nous touche de près puisque l'existence de ces monuments établit un lien entre la terre d'Afrique et la France, le cœur des régions celtiques. Elle rend indiscutable la présence des Celtes en Algérie, mais c'est à peu près tout ce que l'on en a déduit jusqu'à présent. En conséquence nous demandons :

1° Que l'on résume tout ce qui a été écrit sur la question jusqu'à ce jour, les travaux de notre infatigable Féraud, de M. Henri Christy, son collaborateur un instant, de M. le docteur Reboud, que l'on retrouve partout où l'archéologie locale exige le plus de pénétration, de sagacité, de minutieuse exactitude.

2° Que l'on dresse un tableau complet des monuments celtiques reconnus jusqu'à ce jour. D'après une liste que j'avais faite, il y a quelques années, le nombre des localités où il en existe, serait de 63, mais, je la crois très incomplète.

3° Que l'on soumette à un examen très attentif, à une discussion sérieuse, l'hypothèse de M. Oppelit, qui pense que les Celtes ont précédé de beaucoup les Berbères dans le Nord de l'Afrique, que les nombreux monuments funéraires répandus à la surface de cette vaste région, leur appartiennent presque exclusivement, que leurs derniers débris se sont fondus dans la masse des envahisseurs venus de l'Orient (*Recueil de la Soc. Arch. de Constantine, 1870, p. 309-348*).

12° SECTION. — SCIENCES MÉDICALES

Cette section devait être une des plus importantes de ce programme ; les circonstances ne l'ont pas permis ; on n'a pu faire de recherches ni assez étendues, ni assez profondes. Heureusement le corps médical en Algérie est représenté par une jeune et vaillante phalange qui suppléera sans peine et de 'a manière la plus remarquable à l'insuffisance de ce travail ; nous ne ferons donc qu'effleurer le sujet, en lui conservant du reste les divisions généralement adoptées.

Anatomie. — On laisse aux spécialistes à faire devant l'Association, la description des cas particuliers d'anatomie simple, d'anatomie comparée, ou d'anatomie chirurgicale, qui leur paraîtront assez remarquables.

Physiologie. — J'appelle *capacité physiologique* l'ensemble des caractères qui constituent l'homme physique dans le plus complet et le plus harmonique développement de son être.

Il serait fort intéressant de rechercher et de déterminer avec précision ce que les diverses populations de l'Algérie possèdent de *capacité physiologique* réelle.

Elle n'est pas la même chez les Berbères que chez les Arabes, ce qui doit tenir surtout à la différence d'existence et notamment d'habitat, des deux populations ; mais il faudrait voir si ces différences se maintiennent alors que les Berbères, restés nomades persistent à occuper les plaines, ou bien quand les Arabes, — mais de vrais Arabes, — ont abandonné le nomadisme pour se fixer dans les montagnes. Les deux cas se présentent surtout dans la province de Constantine.

Déterminons *en chiffres*, la taille moyenne des deux peuples, chez les hommes et chez les femmes. Les Berbères m'ont paru être tous de taille moyenne, les femmes un peu plus grandes que les hommes ; chez les

Arabes — les vrais Arabes — c'est l'opposé, surtout dans les hautes classes. Mais tout ceci a besoin d'un examen très approfondi.

On a toujours été frappé de la petitesse des extrémités, de la finesse des attaches, chez les Indigènes. Est-elle plutôt propre aux Arabes qu'aux Berbères ?

Rechercher l'influence de la diététique, de la nourriture habituelle sur les Berbères et sur les Arabes. Ceux-ci sont en général d'assez pauvres travailleurs pour les travaux de force, alors que les premiers présentent, à cet égard, une supériorité marquée.

« En résumé, a dit le docteur E. Bertherand, tout chez les Arabes respire sinon la force, du moins l'énergie. »

Toutefois la nourriture ne diffère guère, si elle diffère. Cependant celle des Kabyles se distingue par l'abondance de l'huile.

Il y a un travail fort curieux de M. Fegueux, pharmacien-major, sur la nature du sang chez les Arabes. Il est vivement à désirer qu'il soit repris et poussé plus loin.

Je viens d'employer à deux reprises différentes, l'expression de *vrais Arabes*, et il faut que je l'explique.

D'une longue investigation sur la population indigène des trois départements, il résulte pour moi, comme cette étude le montrera à tout le monde, que le nombre des *vrais Arabes* en Algérie, est très restreint.

En 1846, à la suite d'une étude consciencieusement faite, mais avec des matériaux insuffisants, j'avais évalué les Berbères Algériens à *un million* ; ce chiffre fut accepté sans discussion et a toujours servi depuis ; aujourd'hui, il me paraît matériellement faux ; en *le doublant*, on ne se tromperait pas de beaucoup. Mais alors, dira-t-on, sur 2,500,000 Indigènes, combien reste-t-il d'Arabes ? — Peu — Est-ce une bonne ou une mauvaise chose pour le pays ? Je laisse au lecteur à le décider.

La capacité intellectuelle est le complément de la capacité physiologique. On sait combien elle est différente chez les différentes races, chez les différents peuples, chez le même peuple aux différents âges de son existence. Eh bien ! il me semble que celle de la race Arabe doit avoir considérablement baissé depuis cinq siècles. M. le docteur, E. L. Bertherand, dans sa *Médecine des Arabes* en a très judicieusement indiqué les causes (chap. 1er).

L'état de délaissement intellectuel où s'est trouvée la race arabe a été tel depuis longues années, qu'on se demande s'il convient de la jeter sans transitions dans l'immense domaine des sciences européennes.

Ne faut-il pas, au contraire, l'y introduire peu à peu, en remontant ainsi un niveau intellectuel qui a baissé, autant par l'abâtardissement des individus, que par l'inculture de l'esprit, ainsi qu'il en est, au point de vue de la fertilité, de terrains trop longtemps abandonnés.

Pathologie générale. — Plusieurs médecins Algériens, et entre autres le docteur E. Martin se sont demandé, si les maladies, en Algérie, n'offraient pas des caractères spéciaux dans leurs manifestations et si elles ne réclamaient pas par suite un traitement particulier, en remontant aux causes de ces maladies et de la mortalité qu'elles peuvent occasionner.

C'était rendre pour ainsi dire sensible, la liaison qu'il y a entre la médecine et la géographie physique ; sujet que nous voudrions bien voir traiter à fond par un de nos savants praticiens. La question est des plus importantes, et on en possède aujourd'hui les éléments les plus essentiels, la plastique terrestre, la géologie d'ensemble, l'hydrologie, la climatologie et ce qu'il faut à peu près aussi d'anthropologie et d'ethnologie.

Ajoutons de suite, et pour ne pas l'oublier, ce fait si remarquable, qui a frappé tous les médecins, c'est qu'en général, les maladies quelles qu'elles soient, sont toujours moins prononcées en Algérie qu'en France.

Après ces généralités, je signalerai plus particulièrement à l'attention des médecins plusieurs affections qui sont déjà de leur part, l'objet d'une attention toute particulière.

Les Fièvres — Faut-il demander de nouvelles études sur les fièvres, ce fléau des cultivateurs européens et de tous ceux qui passent d'un milieu climatérique dans un autre, pour y demeurer ? Mais que n'a-t-on pas écrit sur les fièvres ? Il paraît néanmoins qu'on est fort loin d'avoir épuisé la matière, puisqu'elle offre toujours les mêmes difficultés thérapeutiques. Persistons donc, car la solution se rattache à des intérêts d'une importance capitale, à l'installation des populations européennes dans le nord de l'Afrique.

En laissant à la doctrine de Polli, sur les fermentations morbides, la valeur qu'elle peut avoir dans l'étiologie des fièvres, nous demandons qu'on examine, sans aucune arrière-pensée, les faits signalés en 1870, à l'Académie des sciences, par le docteur Balestra. Cet habile micrographe croit que le principe miasmatique des fièvres paludéennes est dû à une algue et aux spores nombreux qui l'accompagnent·

Un médecin italien, M. Tommassi a récemment émis la même idée en l'accompagnant de démonstrations d'après lui irréfutables.

Des hémorrhagies intermittentes d'origine paludéenne ou quinique. Études.

La Phthisie — La rareté de la phthisie en Algérie, l'influence si énergiquement bienfaisante de son climat sur cette terrible maladie, ont depuis longtemps fixé l'attention des médecins de toute l'Europe.

A la demande de la Société de Climatologie d'Alger, qui avait réuni tous les éléments d'une enquête à ce sujet, M. le docteur Feuillet a bien voulu s'occuper de cette question si importante et en a fait l'objet d'un travail qui a eu un grand retentissement. Nous espérons qu'au milieu des occupations multiples que lui donne l'Administration d'une grande commune comme Alger, il pourra trouver quelques instants pour en faire le résumé devant l'Association.

Les Ophthalmies. — Nombre d'individus en Algérie sont atteints chaque année, d'ophthalmies passagères, qui passent trop souvent à l'état chronique ; mais il n'y en a nulle part, autant que dans le Sahara. Bien qu'on ait voulu les attribuer en partie à ce que les populations indigènes n'ont pas encore achevé leur évolution climatérique, elles m'ont paru aussi causées par l'oubli de toute précaution hygiénique. J'en appelle à l'examen de ceux qui se sont attachés plus particulièrement au traitement de ces affections désastreuses.

D'une surdité climatérique. — Il semble que le climat de certaines parties de l'Algérie, telle que la région maritime par exemple, agisse sur l'appareil auditif de manière à y produire lentement une atonie qui se termine par la surdité.

Je signale cette particularité à ceux qui font des maladies des oreilles l'objet d'études spéciales.

Pathologie chirurgicale. — Les affections phlegmoneuses cutanées, principalement le furoncle et le panaris, sont extrêmement fréquents en Algérie, surtout parmi les colons français.

Ces affections ont été l'objet de nombreux écrits, sans que leur étiologie soit encore compète. M. le docteur Douchez, ancien aide-major au 1ᵉʳ chasseurs d'Afrique, a traité ce sujet *ex-professo* dans la *Gazette médicale de l'Algérie* : Année 1856.

Nous demandons qu'il le soit de nouveau, à fond, à cause de l'intérêt qu'il a pour les travailleurs éloignés, et qu'en leur indiquant un moyen prompt de s'en débarrasser, on leur apprenne ce qu'il y a à faire pour en prévenir le retour.

Le bouton de Biskra. — L'étiologie de cette affection est toujours incertaine. Est-elle inoculable ou bien faut-il chercher son origine dans la présence d'un animalcule ? Question des plus intéressantes, dont nous laissons l'élucidation aux médecins militaires fixés dans la région du Ziban.

Climatologie. — Nous réserverons le mot *climatologie* pour l'étude des climats, appliquée à la médecine ; c'est ainsi que l'avait entendu la *Société des sciences physiques et naturelles*, d'Alger lorsqu'elle se fonda. On voit, parce que j'ai dit au début de cette section, quelle est son importance. Partant de là, nous signalons à l'étude les questions suivantes :

Déterminer avec la plus rigoureuse précision, puisque nous pouvons aujourd'hui sortir des à peu près :

1° La limite des grandes régions naturelles qui divisent le sol de l'Algérie. J'ai pu par l'exploration, en indiquer le tracé général, mais il reste à en assurer nombre de points de détail.

2° L'altitude de tous les points qui sont pour le moment ou qui peuvent devenir le site de centres de colonisation, ce qui revient, en un mot, à réunir les éléments du tracé des courbes horizontales de même niveau à la surface de tout le pays et même des pays voisins.

3° La moyenne *thermométrique* de chaque jour et en déduire celle de chaque mois, celle de chaque trimestre, celle de l'hiver ou saison fraîche, celle de l'été ou de la saison des chaleurs ; les minima et les maxima aux mêmes époques pris à la surface du sol et à différentes hauteurs au-dessus et au-dessous.

4° Les quantités de *pluie* de chaque localité en notant soigneusement leur répartition à travers les diverses subdivisions de l'année, les modifications thermométriques qui les précèdent, qui les accompagnent et qui les suivent, la capacité calorifique de l'eau des pluies, et quand cela se pourra son analyse microscopique et sa composition chimique aux diverses phases du phénomène, au début et au terme principalement, par suite leur influence sur l'état de l'atmosphère.

5° La durée relative de chaque *vent* et son intensité, sa température aux diverses époques de l'année, leur influence sur l'état atmosphérique général, sur les modifications qu'ils peuvent y apporter au point de vue hygrométrique et de l'évaporation.

6° Les modifications que subit l'état *ozonométrique* de l'air, suivant les mois et les saisons, les vents et les pluies.

7° Tous les *phénomènes électriques* beaucoup trop négligés jusqu'à ce jour par suite, il est vrai, du manque d'appareils d'observation. Ils exigeront en Afrique, du fait des observateurs, une attention toute particulière à cause de leur peu d'intensité relative. Les grands orages, par exemple, sont vraiment rares, quand on en compare le nombre à ce qu'il est en France et en Europe.

8° L'influence de la constitution orographique ou celle des grands abris, chaînes de montagnes, forêts, et celle de la composition géologique des terrains, sur l'état climatologique de chaque région.

9° Tracer enfin la limite des différents climats avec la plus minutieuse attention, à mesure que les résultats des observations météorologiques le permettront.

En faisant cette longue énumération de recherches, je suis revenu plusieurs fois sur ce qui a déjà été dit dans la 5° et la 7° section (*Météorologie physique du globe*) ; mais, qu'on fasse bien attention qu'ici tous les phénomènes doivent être examinés surtout au point de vue physiologique et médical, que cette étude formera la base des prescriptions hygiéniques qui doivent être soigneusement recommandées aux diverses populations algériennes et on sentira que la répétition était peut être indispensable.

Avant de clore cette sous-division de la 12ᵉ section, je désire proposer à nos courageux travailleurs un sujet d'un haut intérêt ; il s'agit de l'*Evolution climatérique*, laquelle, comme on va le voir, joue un rôle considérable dans la vie des nations et mérite par conséquent un sérieux examen.

Toute fraction de l'humanité qui s'est installée sur un point quelconque de la terre, en vue d'y constituer un groupe à part, a dû, après être devenue absolument maîtresse du sol, subir l'influence totale des nouveaux milieux dans lesquels elle se trouvait placée. Elle a dû, par exemple, traverser toutes les phases de ce qu'on peut appeler l'*Evolution climatérique*, c'est-à-dire d'une série d'adaptations qui ont mis tous les organes en rapport avec les influences du climat ou des climats de la région dont ce peuple s'est emparé. Cette adaptation est longue, très longue, ainsi qu'on peut en juger par l'étude physiologique de la population des différents continents. Ainsi, les Gaulois représentés par les Français d'aujourd'hui (Celtes, Kymris, Aquitains, Ligures) ne sont pas encore complètement acclimatés, comme je pourrais le démontrer ; les Arabes, qui occupent l'Afrique du Nord depuis dix siècles, ont encore beaucoup à faire pour se dire tout à fait du pays ; les Berbères le peuvent-ils ?

Je voudrais bien que l'on s'inquiétât de savoir ce qui manque aux uns et aux autres pour être en harmonie avec l'air dans lequel ils vivent, afin que nous puissions savoir ce qu'il nous faut acquérir pour y arriver.

Clinique Médicale et Chirurgicale, Accouchements, Maladies des femmes et des enfants : Même remarque qu'au sujet de l'*Anatomie.*

Hygiène. — L'hygiène doit être la science suprême des sociétés modernes, puisque c'est la science de la conservation de la vie, de la santé, des forces mêmes de la société. C'est par elle surtout que les populations finiront par anéantir l'horrible hécatombe qu'elles paient périodiquement à la mort, et qui leur enlève tant d'éléments de puissance. En France, remarque à ce sujet le docteur Bertillon, 500,000 individus descendent annuellement dans la tombe avant leur 45e année ; c'est-à-dire dans la fleur ou toute la vigueur de l'existence ! Victimes trop souvent volontaires ou du moins inconscientes d'un fait qui finit par constituer une immense calamité publique. La plupart eussent pû échapper à ce sort funeste au moyen des plus simples précautions hygiéniques.

Mais l'hygiène est chose tellement ignorée qu'on peut dire hardiment : Combien y en a-t-il parmi nous qui sachent seulement ce que signifie le mot *hygiène ?*

Eh bien ! nous demandons avec insistances, qu'au nom des plus chers intérêts de la société, on fasse les efforts les plus considérables, les plus soutenus, pour changer un état de choses aussi déplorable. Nous demandons, en conséquence :

1° Qu'on organise dans tous les lycées et dans les collèges, dans tous les centres de population, des conférences familières d'hygiène, faites par les médecins de colonisation et par ceux des établissements d'instruction publique ;

2° Qu'on répande partout des instructions dans le genre de celles qui ont été rédigées par les docteurs Foley, Martin et E. Bertherand ;

3° Nous voudrions, en même temps, que la sphère d'action des commissions de salubrité publique fut considérablement étendue, qu'elles fonctionnassent constamment en faisant leurs descentes à des époques indéterminées. La sophistication des vins, des aliments et des légumes conservés a pris un développement dont on ne peut plus se faire une idée.

Autres questions relatives à l'hygiène publique et privée.

Études sur les eaux. — N'y aura t-il pas lieu de poursuivre les études si nombreuses qu'avait faites M. l'Ingénieur en chef des mines, Ludovic Ville? Le parti que l'on en a déjà tiré prouve toute leur importance. Ces études, on se le rappelle, étaient surtout envisagées au point de vue de la composition chimique.

Les Bains Maures. — Ne devrait-on pas recommander expressément à tous les Européens, l'emploi des *bains maures*, qui paraissent, pris dans une certaine mesure, comme des neutralisateurs puissants de certaines indispositions communes dans le Nord de l'Afrique ?

Le Koh'ol ou sulfure d'Antimoine. — Au sujet des Ophthalmies, le koh'ol peut-il avoir une influence assez marquée sur les organes de la vue pour en prescrire l'emploi aux Européens ?

Henné est le nom que les Arabes donnent à la feuille pulvérisée du troène ou *Lawsonia inermis* ; il paraît devoir entrer avec grand succès, dans notre matière médicale. En tonifiant la peau il tend à diminuer singulièrement les transpirations et pourrait être employé avec avantage par les Européens.

La racine du *Bou Nâfa* ou *Drias, Thapsia garganica*, est employée par les mauresques, comme révulsif et dépuratif cutané. Doit-on en généraliser l'emploi ?

Ces trois citations empruntées aux suscriptions arabes, nous suggèrent cette réflexion toute naturelle.

La thérapeutique indigène n'est après tout que le résultat d'un empirisme traditionnel qui, la plupart du temps, ne repose sur aucune base certaine ; elle pourrait peut-être cependant nous fournir quelques indications utiles et à ce prix ne pas être tout à fait dédaignée. Nous prions donc nos jeunes praticiens d'aller à la découverte dans ce milieu plein d'obscurités enfantines et de répétitions oiseuses. Ils en trouveront plusieurs exposées dans l'ouvrage de sidi Siouti, traduit par M. le docteur Pharaon, dans la *Médecine du Prophète*, traduite par le docteur Perron, dans l'*histoire de la Médecine arabe* du docteur Leclerc et enfin dans l'excellent ouvrage du docteur E. Bertherand intitulé : *La Médecine des Arabes*.

Et puisqu'il est question de thérapeutique, signalons un fait qui a besoin d'un très sérieux examen. Il s'agit de cette résistance à l'action des médicaments si souvent constatée ici par les médecins européens, résistance de l'organisme qui chez la plupart des malades nécessite l'emploi des médicaments à une plus forte dose qu'en Europe. Elle apparaît jusque dans l'emploi des injections hypodermiques.

Ces injections avec le sulfate de quinine, dans les fièvres intermittentes, sont-elles aussi efficaces qu'on l'a dit ? Il est très essentiel de s'en assurer, à cause de l'impuissance du quinine donné par l'estomac, dans certains cas.

Y a-t-il lieu de recommander d'une manière spéciale l'emploi que fait le docteur Coqueugnot, de Constantine, du traitement par les bains froids répétés, concurremment avec le sulfate de quinine, dans les accès pernicieux à forme comateuse ?

Examen au point de vue scientifique des procédés employés par les Arabes pour conjurer les effets redoutables de la morsure du Lefa'a ou vipère bicorne. Voir le *Grand Désert* du général Daumas.

A-t-on bien constaté l'excellence dans ce cas du suc de l'*Euphorbia Guyoniana*, dont l'emploi a été recommandé, pour la première fois, par M. le docteur L. T. Tisseire ?

Recherches complémentaires de Thérapeutique. — De l'influence du climat algérien sur les plaies et sur le mode de pansement.

De la syphilis dans ses rapports avec le climat de l'Algérie.

Pharmacologie et matière médicale. — La flore de l'Algérie a déjà donné à la matière médicale de la métropole, plusieurs produits remarquables et qui sont depuis longtemps d'un emploi journalier dans le traitement de certaines affections :

L'huile d'arachides ; — La globularia alypum (tacelr'a des arabes) ; — Les principes actifs du laurier rose ; — La résine de la thapsia garganica ou Drias, rubéfiant d'une énergie toute particulière, avec lequel on prépare le *papier de Thapsia*.

Ne pourrait-on pas, au moyen de recherches suivies, augmenter encore le nombre de ces produits et faire rentrer, par exemple, dans notre matière médicale le suc de l'Euphorbe algérienne, très employé par les anciens dans certaines maladies des yeux ?

Nous voudrions aussi que l'on fît une étude complète des applications médicales de l'Eucalyptus, et que l'on recherchât tous les succédanés de la quinine, question qui devient tous les jours plus pressante devant la destruction et la disparition des quinquina. L'éclatant succès de belles plantations de chinchona, faites dans l'Inde méridionale par les Anglais, ne paraît pas de nature à calmer toutes les craintes causées par l'impéritie qu'ont montrée les gouvernements du Pérou et de la Bolivie dans cette grave question.

Le Fah'am. — Cette orchidée, que les botanistes ont appelée l'*aceras anthropophora*, aux feuilles desséchées de laquelle les arabes des côtes orientales d'Afrique, ont donné, à cause de la couleur, le nom de *Fah'am* (charbon), croît en abondance sur les côteaux de Mustapha, à El-Biar et sur beaucoup d'autres points de l'Algérie : son action sur les bronches est considérable et elle a raison des rhumes les plus violents. Ne devrait-on pas en recommander l'emploi avec insistance ?

Chimie et toxicologie. — Ce titre comporte des sujets extrêmement variés, mais l'analyse chimique s'est encore peu exercée sur les nombreux produits de l'Algérie. La richesse des substances industrielles, commerciales, agricoles, médicales, etc., de notre pays offre un champ des plus vastes aux recherches du laboratoire, non-seulement au point de vue de la composition et des rendements, mais encore sous le rapport des adultérations et des falsifications. Il serait donc difficile de faire un choix parmi tant de sujets d'étude de la plus haute importance, et nous laissons aux spécialistes, qui porteront ces intéressants travaux devant l'Association, à en préciser la nature.

Médecine vétérinaire. — Si la médecine est la première des sciences puisqu'elle sauvegarde constamment les forces vitales de la Société sans cesse attaquées par la Nature, la médecine vétérinaire est incontestablement l'une de ses branches les plus importantes. A elle aussi de défendre contre ces mêmes attaques ce cheptel vivant, que l'homme s'est créé avec tant de peines et qui est devenu un des éléments les plus énergiques de ses travaux agricoles, de son industrie et de son alimentation.

Il suffira de réfléchir un instant aux pertes immenses que font chaque jour les populations par une cause ou par une autre, qu'elles soient sagement administrées ou qu'elles s'abandonnent comme les Arabes, à une incurie des plus coupables, pour juger de l'importance de l'art vétérinaire.

On demandera donc avec nous, de la manière la plus pressante, qu'un service général de vétérinaires soit organisé au sein des populations rurales de l'Algérie, indigènes ou autres.

Et à cette occasion nous rappellerons qu'il y a plusieurs années, M. le docteur E. Bertherand avait proposé de réunir dans un même bâtiment, au centre des principales communes, les cabinets de consultations du médecin de colonisation et du médecin vétérinaire, la pharmacie et une petite ambulance de 5 à 6 lits.

N'y a-t-il pas lieu de reprendre sans trop tarder, cette excellente idée, à laquelle on n'a pas prêté assez d'attention, surtout au point de vue de la diminution des dépenses hospitalières actuelles.

Le charbon. — Les affections charbonneuses sont un des fléaux de l'éleveur. On prétend que l'Algérie y est moins exposée que la France, et d'après une communication faite à l'Académie des Sciences, en novembre 1879, par le Consul de France, à Mogador, les moutons du Marok jouiraient à cet égard d'une immunité complète ; devant l'étiologie de cette redoutable maladie, nous demandons un examen sérieux de la question.

Acclimatation du gros et du menu bétail. — A en juger par certaines maladies qui ravagent les troupeaux, les péripneumonies, la phthisie tuberculeuse, en Algérie, plus particulièrement le *Boufrida*, si bien décrit par M. Thomas, vétérinaire au 2ᵉ Spahis, l'acclimatation générale des ruminants en Europe et en Afrique serait encore moins avancée que celle de l'homme. Indiquer les mesures à prendre pour hâter l'évolution climatérique chez ces animaux dont l'existence est si précieuse pour nous ?

L'Ophthalmie. — L'ophthalmie est-elle aussi commune dans le Sahara, chez les ruminants que chez l'homme ? Si oui, elle doit avoir la même origine et il sera facile d'y remédier. Examen.

Le sang de rate. — On doit à l'observation d'un agronome distingué, M. de Launay, la découverte d'un préservatif du sang de rate, dans le carbonate de chaux ; mais l'auteur de cette médication voudrait que l'effet en fût plus complètement constaté.

La clavelée. — La clavelée, espèce de petite vérole qui affecte les bêtes à laine, quoique fréquente en Algérie, pour quelques observateurs, est bien moins désastreuse qu'en Europe, ainsi que la plupart des affections auxquelles les bestiaux sont exposés. La clavelisation est-elle la seule mesure préventive qu'il convienne d'adopter ?

La rage. — Nous voudrions qu'on fît des études sérieuses sur la rage en Algérie et que l'on indiquât les mesures les plus efficaces pour la prévenir.

4e GROUPE

SCIENCES ÉCONOMIQUES

13e SECTION — AGRONOMIE.

Le calendrier agricole. — Plusieurs écrivains tels que M. Armand Pignel et surtout M. Vallier, ont dressé le tableau des travaux qu'exige successivement l'agriculture algérienne à travers les douze mois de l'année. Nous voudrions que l'on reprît ce travail, qu'on le complétât, qu'on y ajoutât, si cela était nécessaire et qu'on en fît l'objet d'une publication populaire à bon marché. Ce serait faire une bonne chose et une bonne action.

Proverbes agricoles des indigènes. — Les indigènes, Berbères ou Arabes, ont comme les habitants de nos campagnes, des proverbes agricoles qui sont d'un haut intérêt.

Bien que j'en aie recueilli un assez grand

nombre, je fais appel à la science et à l'esprit d'investigation de nos jeunes interprètes civils et militaires. C'est un travail qui leur appartient tout à fait et dont on n'exagèrera jamais assez la valeur. Au point de vue météorologique, ces proverbes ont une importance capitale. Ce que nous cherchons à établir si péniblement, d'une manière rigoureuse, avec des chiffres, les populations l'ont formulé depuis bien longtemps, en phrases axiomatiques qui présentent cet inestimable avantage d'être, en agriculture, d'une application journalière des plus pratiques. Ce sont les seules prévisions, *à grande échéance* et réellement utiles, que l'on ait pu encore faire.

Les Barrages. — Exposition complète des différents systèmes de barrages à établir sur toute la surface de l'Algérie. Aussi longtemps qu'une goutte d'eau ira se perdre au loin sans notre permission, il ne faut pas songer à donner à notre agriculture son complet et réel développement.

Le dévasement est une opération capitale pour les barrages. Le système récemment proposé par M. Calmels doit être discuté de la manière la plus sérieuse afin que l'on décide s'il peut avoir une application générale.

Irrigations. — Exposition du système d'irrigation employé par les indigènes dans le Tell, mais surtout dans le Sahara, pour lequel l'arrosage est une question vitale. Quelles sont les améliorations à y apporter? Peut-on lui donner plus de développement?

Les Syndicats. — Les syndicats appelés à surveiller le fonctionnement des barrages établis en Algérie jusqu'à ce jour, sont-ils constitués de la meilleure manière? L'expérience a-t-elle sanctionné les règlements qui servent de base à leurs agissements?

Les Prairies artificielles. — Devant l'absence presqu'absolue de prairies naturelles, il serait du plus haut intérêt que

l'Algérie possédât de vastes prairies artificielles. Indiquer les procédés à suivre pour
y arriver en s'inspirant des conditions climatériques et pluviométriques du pays.

Préparation du sol. — J'ai assisté au
labourage des terres dans toutes les parties
de l'Algérie, et il m'a paru que les cultivateurs indigènes ou européens n'avaient
souvent pas, sur cette opération fondamen-
tale ou sur celles qui la précèdent ou la suivent, les idées les plus justes : la question
doit-être examinée à fond.

Le Ricin. — L'huile de ricin joue un rôle
si important dans le fonctionnement des
machines que les Anglais ont cru devoir
faire de vastes plantations de ricin dans
l'Inde. Un agronome distingué, M. Boissier,
aujourd'hui fixé à Dzra ben Khredda, près
d'Haussonvillier (Azib-Zamoum) s'est beaucoup occupé de cette importante culture, et il est à regretter que ses avis n'aient
pas été suivis. Il faut donc reprendre ce
sujet intéressant.

La Vigne. — Après les effroyables désastres que la nature a causés à la France en
y jetant le phylloxera (au 1ᵉʳ février courant
la perte totale était de deux milliards et demi), les cultivateurs se sont tournés vers
l'Algérie pour y chercher un palliatif à leurs
maux, et les plantations de vignes s'y multi-
plient avec une incroyable rapidité. Mais
nous ne savons pas si elles sont toutes faites
avec le soin et l'intelligence qu'exige une
semblable opération. M. le docteur Gaucher,
d'Aïn Témouchent, a déjà indiqué dans une
lettre adressée à la Société de climatologie
(*Akhbar* du 1ᵉʳ février), quelques-unes des
précautions dont il faudrait user en de pa-
reilles circonstances. Nous espérons que ces
avis, ces enseignements si précieux se mul-
tiplieront et que l'on profitera de la présence de l'Association à Alger pour leur donner tout le retentissement possible.

Le Dattier. — Il a été publié à différentes reprises plusieurs notices sur le dattier et sur ses variétés ; mais on a jamais donné à ce sujet le développement qu'il mérite, surtout au moment où les oasis du Sahara semblent devoir être le but d'entreprises agricoles.

Une Société vient de se former à Paris sous ce titre étrange : *La colonie civile du Sahara* ; on a voulu dire *La colonisation civile du Sahara*. L'idée est des meilleures, mais elle n'a chance de réussite que si l'opération est conduite avec une prudence extrême reposant sur une parfaite connaissance des localités ; c'est une œuvre de longue haleine qui doit néanmoins conduire à des résultats considérables.

Les légumes et les fruits. — Primeurs. — L'Algérie, par l'excellence de son climat, est appelée à devenir un centre de production de primeurs des plus importants. Tout ce que l'on a fait jusqu'à présent est mesquin et inintelligent ; aussi le pays souffre-t-il de ce qui devrait être pour lui une source de bien-être. L'exportation des légumes et des oranges, le seul fruit qui aille au dehors, ne devrait pas nuire à la consommation locale et c'est le contraire ; les uns et les autres sont ici de plus en plus rares et naturellement de plus en plus chers. Il en sera ainsi tant que les colons français ne se jetteront pas hardiment dans cette direction. Voilà ce qu'il faudrait s'étudier à leur bien faire comprendre.

Les Eucalyptus. — L'eucalyptus a été l'objet d'un engouement qui paraît ne pas avoir donné tout ce que l'on en attendait, bien que les résultats acquis soient très remarquables. On semble, à l'heure qu'il est, ne trop savoir que faire. Doit-on cesser de s'en occuper ? doit-on poursuivre l'œuvre commencée ?

On devrait se livrer à ce sujet à une discussion approfondie de laquelle bien sûrement jaillirait la vérité.

L'halfa. — L'Algérie a dans l'Halfa, un produit naturel d'autant plus précieux que tous les efforts des botanistes n'ont pu arriver à lui trouver sur le globe un équivalent absolu. Il devrait donc être l'objet d'une sollicitude d'autant plus grande que la terre qui le nourrit n'est bonne qu'à cela. Eh bien ! nos belles plantations sont ravagées par des brutes qui ne tarderont pas à en amener la destruction, parce que les mesures prises par l'Administration ne sont ni assez complètes ni assez sévères. Que l'Association élève hautement la voix contre ce gaspillage d'une partie considérable de la fortune publique, puisque ceux qui en seront les premières victimes y restent indifférents.

La Ramie. — Ne mérite-t-elle pas d'être l'objet d'un examen attentif ?

Les Forêts. — Je dois à de longues conversations avec plusieurs agents du Service des forêts en Algérie, l'ensemble des questions qui vont suivre sur tout ce qui intéresse ce sujet si important ; mais je reste seul responsable de la manière dont sont formulées mes observations et les opinions que j'ai émises au sujet de certains faits.

L'étude des forêts et des bois tend à prendre chaque jour la place importante qu'elle doit avoir en agronomie et à l'heure qu'il est, la France est à la tête du grand mouvement scientifique dont elle est l'objet. L'Algérie ne saurait y rester étrangère, elle qui doit apporter le plus prompt remède à l'état déplorable dans lequel se trouvent ses ressources forestières.

L'étendue relative des forêts à la surface générale qui, en Europe, est de 29 0/0, est en Algérie à peine de 12 0/0, grâce aux pratiques désastreuses de l'industrie pastorale indigène.

Et les nécessités climatériques exigent qu'elle soit ici beaucoup plus forte qu'ailleurs !

L'ignorance générale est du reste si grande à cet égard que l'on a vu tout récemment une grande assemblée algérienne demander le défrichement de 500,000 hectares, c'est-à-dire *du quart* de ce qui nous reste de forêts ! La motion est tellement absurde que je crois qu'il y a erreur et qu'on a voulu dire qu'il fallait ajouter, pour commencer, 500,000 hectares à ceux qui existent.

Mais il y aurait tant de réflexions à faire à ce sujet, que je préfère les laisser de côté pour nous occuper des desiderata.

1° *Economie forestière.* — Quel traitement spécial exigent nos essences forestières algériennes, telles que le chêne liège, le chêne vert, le pin d'Alep, le cèdre etc. ?

Est-il possible de concilier les exigences de l'agriculture au point de vue pastoral avec la bonne croissance des forêts, et par quelles pratiques rationnelles devrait-on remplacer les abus du parcours du bétail des indigènes ?

Quelle proportion de notre territoire devrait-on couvrir de forêts en égard aux besoins du commerce, de l'industrie et de l'agriculture ?

Peut-on espérer que l'industrie privée suffira à parfaire l'étendue boisée nécessaire même au Tell Algérien, ou l'Etat doit-il intervenir, comme en France et entreprendre cette grande œuvre du reboisement dont les heureuses conséquences feraient de l'Algérie une des contrées les plus fertiles et les plus saines du monde entier ?

Le reboisement sera d'ailleurs singulièrement facilité par la création des barrages, des canaux d'irrigation, des chemins de fer, des routes et des chemins de tous genres, qui, à notre avis, devraient être partout bordés d'arbres.

2° *Géologie forestière.* — Comme il n'existe pas de carte géologique définitive de l'Algérie et que la distribution de nos forêts n'est connue que d'une manière approximative, on ne doit pas trouver étonnant qu'il n'y ait pas de carte géologique forestière.

Quelles mesures l'administration ou les sociétés scientifiques pourraient-elles prendre pour assurer, à bref délai, la connaissance exacte de la situation de nos forêts, suivant les divers terrains géologiques ou d'après la composition minéralogique du sol qu'elles recouvrent ? Ne pourrait-on pas réunir les documents épars que possède l'administration et qui permettraient de tenter un premier essai de ce genre ?

Quelle relation existe-t-il entre l'étendue des forêts, le nombre, le débit des sources et les divers terrains ?

Certains sols ne doivent-ils pas être affectés uniquement à la culture du bois et ne s'expose-t-on pas à les stériliser pour toujours en les déboisant ?

Les bois du Tell algérien encore existant ne se trouvent-ils pas sur des terrains de cette nature ?

3° *Botanique forestière.* — Les études botaniques sont-elles assez complètes pour que l'on puisse composer aujourd'hui une flore forestière de l'Algérie ?

Possède-t-on les éléments constitutifs de collections à peu près complètes de graines forestières, d'échantillons de bois, etc. ?

Quelles mesures faudrait-il prendre pour assurer la réunion de ces éléments ?

4° *Zoologie forestière.* — Quels sont les animaux de tous genres qui peuplent ou habitent nos forêts ?

A-t-on étudié ces graves questions de la conservation et de la multiplication du gibier, ou sa destruction ne va-t-elle pas chaque jour en croissant ?

Quels moyens a-t-on employés pour la destruction des animaux nuisibles qui paraissent bien plus rares qu'au moment de la conquête ?

Comment parviendrait-on à les détruire complètement ou du moins à diminuer considérablement les dégâts qu'ils causent encore ?

Quelles sont les mœurs et les habitudes des insectes spéciaux à nos essences forestières ? Leurs invasions, leurs ravages ont-ils été assez étudiés pour que l'on connaisse suffisamment la manière de les détruire ?

5° *Météorologie forestière.* — N'y aurait-il pas grand intérêt, au point de vue de l'étude de la distribution générale des pluies, à compléter le réseau météorologique de l'Algérie par quelques stations forestières bien choisies, près des maisons forestières existantes où les gardes pourraient faire les constatations demandées ; ainsi que cela se pratique sur certains points de la métropole ?

Comparer l'état météorologique ancien et actuel des régions algériennes où d'importantes forêts ont été dévastées ou incendiées.

6° *Statistique forestière.* — Quelles sont exactement les ressources forestières dont nous pouvons disposer ?

Quels sont les produits forestiers dont le commerce tire déjà parti, ceux qu'il pourrait utiliser et qu'il néglige par le manque de notions exactes et sûres ?

Quel est le chiffre de nos importations en bois ouvrés ou bruts ?

Quelle est la valeur de l'exportation de nos produits forestiers, le liège, les écorces à tan, etc.

Quelles forêts pourraient être exploitées par suite de l'achèvement du réseau de nos chemins de fer ?

Quelles sont celles qui resteront en dehors de ce réseau et pour lesquelles il faudrait créer des moyens particuliers d'exploitation ?

7° *Législation forestière.* — Quelle différence y a-t-il déjà entre notre législation forestière et celle de la France ou des autres contrées du globe ?

Quelles nouvelles exceptions devraient

encore être faites à ce point de vue et quelles lois déjà existantes ailleurs, devraient être appliquées en Algérie ?

L'application de la loi sur les incendies a-t-elle donné tous les résultats qu'on en attendait ?

Notre régime forestier, qui varie suivant le territoire administratif, ne devrait-il pas, au contraire, être unifié et son application exclusivement confiée à un service technique comme en France ? En un mot nos forêts ne devraient-elles pas être gérées uniquement par des forestiers ?

N'est-il pas étrange, par exemple, de voir intervenir les conseils de guerre dans de simples délits forestiers commis en territoire militaire ?

8° *Enseignement forestier*. — En présence de l'œuvre immense du reboisement qui s'imposera prochainement aux Algériens, n'y aurait-il pas un grand intérêt à répandre des notions exactes sur la culture des bois de manière à donner aux efforts considérables que l'Etat devra faire en ce sens, l'appui de l'opinion publique toujours indispensable à des travaux de cette importance ? Une chaire de sylviculture ne devrait-elle pas être créée à l'Institut Algérien pour enseigner les hauts principes de cette science et rechercher les mesures spéciales qu'exigent notre sol, nos essences, notre climat ? Enfin, dans notre pays, plus peut-être que dans tout autre, ne serait-il pas opportun que l'enfant reçut, avec l'instruction primaire, les premières notions d'une science qui se rattache pour ainsi dire à toutes les autres, ainsi qu'on vient de le voir par tout ce qui précède ?

Le chameau. — Les chameaux et les Arabes ne font qu'un depuis bien des siècles. Il serait indispensable que nous prissions auprès de ces derniers toutes les informations relatives à l'élève de ce ruminant d'une si considérable utilité dans le nord de l'Afrique. Nous ne serions donc pas pris au dépourvu le jour où les Européens devront s'emparer des landes sahariennes. M. Oudot vient de faire ce travail pour l'*Autruche* et on ne saurait que l'en remercier sincèrement.

Le gros et le menu bétail. — Les agriculteurs européens en Algérie n'ayant pas de terres suffisantes, l'élève du gros et du menu bétail est tout entière entre les mains des indigènes. Et les indigènes la conduisent comme ils conduisent tout, avec une indifférence et un laisser-aller des plus complets ; aussi les résultats sont-ils d'accord avec leur façon d'agir et aujourd'hui tout le bétail indigène a le plus pressant besoin de mesures réparatrices, énergiques.

Il est d'autant plus pressant d'aviser, que ces animaux sont l'objet d'un commerce de plus en plus important. M. Armand Arlès-Dufour, un juge des plus compétents en semblable matière, va nous dire ce qui en est de cette double industrie :

« L'Algérie avec sa puissance de végétation herbacée, avec le maïs, le sorgho, la canne à sucre, et bien d'autres cultures de même nature qu'elle empruntera aux pays chauds, n'est-elle pas privilégiée parmi les privilégiées ? N'y a-t-il pas là pour elle le moyen de reconstituer ses troupeaux gaspillés et abâtardis par l'incurie séculaire des indigènes et ne trouvera-t-elle pas là l'issue à la voie funeste dans laquelle elle se trouve engagée par l'exportation à outrance de tous les produits de son sol, sans restitution appréciable, laquelle constitue un véritable système que je ne puis qualifier autrement que d'*agriculture vampire* ?... »

A propos de la pisciculture, dont il a déjà été question, des expériences récentes faites à Marseille ont démontré que si les eaux de la Méditerranée ne paraissent pas favorables à la multiplication des huîtres, elles peuvent tout au moins servir à l'alimentation et au développement de ces acéphales, au point, paraît-il d'en quadrupler le poids et le volume. Cette industrie nouvelle pourrait être très bien importée sur nos plages algériennes.

Les habitations. — J'ai oublié d'appeler la discussion sur le mode de construction adopté dans nos villes par les architectes, mode des plus défectueux ; et nous ne laisserons pas échapper l'occasion de leur signaler les habitations agricoles qui méritent la plus sérieuse attention.

La Société des sciences physiques, naturelles et climatologiques d'Alger en fit l'objet d'une étude particulière, et mit sous les yeux du public, lors de l'Exposition universelle de 1867, un modèle, sur une assez grande échelle, d'une demeure agricole, qui fut très remarquée et qui est restée comme un des meilleurs types.

Les lois agronomiques. — Au début de cette section j'ai parlé de ce qui avait été fait relativement aux calendriers agricoles, il faudrait aller plus loin. L'incertitude de la plupart des cultivateurs au sujet des principales opérations de l'agriculture, est telle, qu'il serait sérieusement nécessaire de rédiger l'ensemble des lois agronomiques de l'Algérie afin d'éviter et des pertes réelles et des essais très coûteux. Nos études sur les terres et le climat sont assez avancées pour le permettre.

Écoles et conférences agricoles. — On devrait aussi songer sérieusement à la création d'écoles d'agriculture et à celle de conférences sur tous les sujets qui intéressent les agriculteurs. Ces conférences toutes simples, faites pendant les veillées ou au moment du repos des soirées, devraient avoir lieu, non dans les villes, où elles ne servent à rien, mais au milieu des campagnes, et seraient faites par des professeurs nomades qui iraient ainsi de village en village jetant partout à travers les populations les semen-

ces de la vérité et les résultats des recherches, des expériences, des découvertes qui
se font chaque jour.

14ᵉ SECTION

GÉOGRAPHIE

La géographie est de toutes les sciences
celle qui a, sans aucun doute, le droit le plus
absolu de s'intéresser à l'Afrique, puisque
c'est à elle que cette grande terre devra,
pendant bien longtemps encore, le plus demander.

J'ai déjà indiqué ailleurs (numéro pros-
pectus de la Société de géographie d'Alger)
quel était le bilan exact de nos connaissances sur le Nord de l'Afrique, moins le bassin du Nil, c'est-à-dire sur la partie de ce
vaste continent soumise le plus directement
à notre action, et que limitent, dans le Sud-
Est, les berges du bassin inférieur du Niger,
celles des bassins du Benoué et du Chary,
les bornes extrêmes du Dar-Four, vers le
midi. La mer Méditerranée et l'Océan
Atlantique complètent la périphérie de cet
immense polygone et qui a une superficie
approximative de 900 millions d'hectares,
les 9/10ᵉ de surface de l'Europe. Ce que
l'on en connaît d'une manière positive ne
représente certainement pas *cent millions*
d'hectares, c'est-à-dire la 9ᵉ partie. Et encore pour en arriver là, ne faut-il pas se
montrer trop sévère.

Aussi comprendra-t-on très bien que j'aie
peu d'interrogations à faire et qu'il me suffi-
se de signaler à l'attention des explorateurs
les grandes lacunes qui, de toutes parts, se
présentent à leur esprit d'entreprise, à leurs
courageuses investigations.

En considérant comme suffisamment étudiée *pour le moment* :

Les trois quarts de l'Algérie,
Le tiers de la Tunisie,
Le dixième du Marok,

La centième partie du Sahara,
La vingtième partie de la Sénégambie,
La centième partie du Soudan,
La dixième partie de la Guinée,

On voit ce qu'il reste de place pour toutes les tentatives, pour tous les courages, pour tous les dévouements.

Après ces généralités dont le but est surtout d'indiquer d'une manière saisissante ce qu'il y a à faire d'immenses travaux scientifiques de tous genres dans ces vastes contrées de l'Afrique du Nord, j'appellerai l'attention des chercheurs sur quelques points d'un intérêt plus ou moins direct.

Études sur les grandes formes extérieures du sol en Algérie particulièrement, afin de bien déterminer leur influence sur les autres parties de la géographie physique, le climat, les pluies, le régime des eaux et des vents, la constitution des bassins.

La H'odna. — Il y aurait à ce point de vue, une bien jolie monographie à faire de cette petite région naturelle que les arabes ont appelée, avec raison, *El H'odna*, La Brassée, une défaillance du sol qui a permis au climat saharien d'arriver de ce côté, jusqu'aux limites du Tell. Son ancienne irrigation a été, de la part de M. le commandant Payen, l'objet d'un excellent travail.

Limites du Tell et du Sahara. — Les Arabes donnent le nom de *Tell*, à cette partie de l'Afrique septentrionale où des pluies périodiques permettent une culture permanente ; celui de *Sahara* aux terres où les pluies ne sont plus qu'accidentelles et la culture complètement artificielle.

Au commencement du siècle dernier, le docteur Shaw détermina les limites générales du Tell et du Sahara ; MM. Carette et Warnier, de nos jours, leur donnèrent plus de précision ; j'ai pu, aidé par les indigènes les parcourir d'une extrémité à l'autre, de kilomètre en kilomètre, mais je prie les personnes qui sont en position de le faire, de vérifier certaines parties de cette ligne presque toujours si vigoureusement indiquée, quelquefois un peu vague, celle par exemple qui s'étend du Chélif, dans le bas de Boghar, jusqu'à l'Aurès, en passant un peu au Nord de Msila.

Phénomènes d'érosion. — Ces phénomènes apportent encore à l'heure qu'il est, de sérieuses modifications à la surface de certaines régions.

Nous voudrions voir appliquer à nos principales rivières, les recherches faites en 1878, sur le Chélif, par M. Balland, pour montrer l'action puissante de ce petit fleuve sur la vallée dont il parcourt le fond.

Jaugeage des rivières et des sources. — Epoques des étiages et des niveaux supérieurs. — Les Ponts et Chaussées et le Génie militaire ont exécuté de très remarquables recherches sur ces points si importants d'hydrologie. Nous désirons vivement qu'on les rende publiques et qu'on les complète si elles en ont besoin.

Le Chot't du Djerid. — Ne pourrait-on pas terminer la reconnaissance de ce grand Chot't tunisien dont M. le commandant Roudaire avait proposé l'inondation par les eaux de la mer ? Il est à regretter que lors des explorations faites à ce sujet, on ait laissé de côté tout le rivage du midi, sur une longueur de 140 kilomètres. Il y a là des faits intéressants à examiner.

Au sujet du Trans-Saharien. — Quatre commissions sont chargées de l'étude des territoires que doit traverser la première partie du Trans-Saharien, c'est-à-dire de celle qui s'étendra des rives de la Méditerranée aux pays Touaregs. Il n'y a rien de bien particulier à leur signaler, parce que les cartes suffiront à leur indiquer d'une manière générale les directions à prendre pour atteindre le but qu'elles poursuivent. Mais comme ces études ne porteront tout d'abord que sur les parties septentrionales du parcours, nous pensons que des explorateurs pourvus de tout ce qui permet d'arriver à des résultats complets d'investigation, devraient entreprendre l'étude des parties les plus avancées, dans le Sud-Est, parallèlement à la route A, suivie par Barth entre Ghât et le Soudan, afin d'ajouter le plus possible au grand travail que M. Soleillet entreprend dans l'Ouest.

Mer Méditerranée. — Nous demandons que l'on fasse une étude scientifique, complète, du bassin occidental de la Méditerranée, de celui que nos courriers sillonnent sans cesse ; qu'on l'étudie au point de vue de ses profondeurs, de ses températures, des diverses branches de la zoologie, de ses grands mouvements, de ses courants.

Lors de la session de 1874, de l'Association pour l'avancement des Sciences, M. Van Rysselberghe a montré combien il était important de signaler et de suivre certains mouvements de la mer indicatifs des troubles atmosphériques les plus violents.

—

15ᵉ SECTION

ÉCONOMIE POLITIQUE ET STATISTIQUE.

L'importance de cette section n'échappera à personne ; aussi peut-on dire que toutes les autres n'en sont que le corrolaire. En effet, il s'agit ici de l'âme du pays, de ce qui lui donne la vie, de ce qui en fait une personnalité, de ce qui lui assigne une place dans le monde, de ce qui lui permet d'entrer dans le grand concert des nations, de la *population* en un mot.

Mais à ce mot *population* se rattache un tel ensemble de questions qu'on voudra bien excuser si je ne les mentionne pas toutes : j'ai dû en faire un choix dont voici le résultat. Mes divisions sont à peu près celles adoptées dans les traités d'économie politique.

PRODUCTION DE LA RICHESSE.

AGENTS DE PRODUCTION.

Population. — Immigrants. — Indigènes. — Assimilation. — Tout individu qui ne fait que passer dans un pays, qui n'y a pas de domicile légal, peut à la rigueur invoquer le bénéfice de sa nationalité; celui qui s'y établit, qui y demeure, qui en vit, ne le peut plus et doit en accepter toutes les charges, comme il en a tous les bénéfices.

N'y a-t-il pas lieu de regretter qu'on n'ait pas envisagé la question de ce point de vue dès l'origine et déclaré qu'il n'y avait en Algérie, ni français, ni espagnols, ni italiens, mais seulement des *Algériens* soumis à une législation qu'on déterminerait, soit qu'elle fût spéciale, soit qu'elle fût de la même nature que les législations européennes?

Ceci nous conduit tout naturellement à cette grosse question de l'*assimilation*, qui a déjà donné lieu à bien des débats et qui cependant est si simple à résoudre. Nous prions un jurisconsulte d'idées indépendantes de le démontrer.

Indigènes. — Quant aux indigènes on s'en est beaucoup trop préoccupé, à notre avis, et ceux qui voudront rechercher s'ils peuvent, oui ou non, entrer dans le droit commun n'auront pas de peine à rendre la chose évidente. Déjà les jurisconsultes algériens sont tellement convaincus de la parenté très proche de leur jurisprudence avec la nôtre qu'ils demandent qu'on la laisse complètement de côté.

Une étude comparée des principales dispositions de lois ou statuts personnels chez les diverses populations indigènes ne laissera pas de doutes à cet égard.

Des facultés de l'homme et du travail. — Études à faire. — Déterminer rigoureusement les aptitudes au travail des populations indigènes.

Les Berbères, race forte, robuste, rustique, carrée (si on peut se servir d'un tel mot), donneront nécessairement plus de travail, dans l'unité de temps que les Arabes.

Les Arabes pris tels qu'ils sont peuvent être encore d'une grande utilité, qu'il faudra seulement savoir dégager pour lui donner tout son effet.

Quant aux immigrants, Espagnols, Italiens, Français, Belges, Allemands, Suédois, leur force de résistance, semble être en raison du carré des distances qui séparent de l'Algérie, les pays dont ils sont originaires. Affaire d'évolution climatérique.

Colonisation. — Puisque ce mot se présente, j'en profite pour demander qu'on n'applique plus à l'Algérie le mot de *colonie.*

L'Algérie n'est pas une *colonie,* c'est un pays comme la Guienne, le Languedoc, la Provence ou le Dauphiné, réuni tardivement à la France, et comme le reste de son territoire divisé en *départements,* une fois la prise de possession complètement terminée. A peine pourrait-on admettre le mot *colonisation,* qui a déjà donné lieu à plus d'un malentendu, mais seulement parce qu'il a un sens plus complet que celui de *peuplement.*

M. le Gouverneur général civil Albert Grévy, vient de présenter aux Chambres une loi sur la colonisation qui, nous l'espérons, résoudra toutes les difficultés que présentait cette importante matière et sera, pour l'Algérie, le point de départ d'une nouvelle ère de prospérité et de richesses.

Comités de colonisation. — Installation des centres. — Le journal l'Akhbar a eu dernièrement l'heureuse idée de provoquer dans les centres de populations la création de *comités libres de colonisation,* pour venir en aide à l'Administration dans toutes les questions de peuplement, d'installation de centres, de concessions, d'irrigations, de communaux, de constructions d'enceintes et de réduits, de travaux publics, etc.

Examen du fonctionnement de ces comités de manière à ce qu'il n'y ait pas de motifs à un antagonisme fâcheux.

Nous prions l'Administration à ce sujet, de faire établir d'avance, par une commission *ad hoc*, *le réseau général* des chemins de fer algériens et de le prendre pour base de la réparation des centres à la surface du pays et de manière à ce que toutes les parties de ce vaste ensemble soient solidaires et concourent au même but, la grandeur et la prospérité de l'Algérie.

Propriété. — L'Administration française fait établir en ce moment avec le plus grand soin, par des agents spécialement choisis à cet effet, les titres de la propriété arabe individuelle, c'est-à-dire qu'elle s'est imposée la très lourde tâche de mettre de l'ordre dans un chaos où les jurisconsultes indigènes ont renoncé depuis longtemps à porter la moindre lumière. C'est procéder par un grand acte de justice à la solution d'une des questions les plus graves que soulevait notre installation en Algérie ; ce sera la faciliter singulièrement au moment où le gouvernement général e t si embarassé de trouver des terres pour la colonisation qu'il va jusqu'à consacrer à leur achat des sommes relativement considérab'es. Mais en est-il vraiment là dans un pays (Tell et Hauts-Plateaux) où l'on compte à peine 10 habitants par kilomètre carré, lorsque les plus pauvres départements de la France (Les Basses-Alpes et la Corse), en ont 21 et 22 ?

Voies de communication. — Les voies de communication sont incontestablement un des plus puissants engins de travail, et on sait tout ce que les chemins de fer leur ont donné de force. En les multipliant on ne fait donc qu'ajouter aux éléments de prospérité d'un pays ; mais ce développement doit être toujours subordonné à celui que prennent ou que peuvent prendre les intérêts économiques de la population.

Or, on se demande si les chemins de fer projetés du réseau algérien en sont bien là, s'ils ont été de ce chef suffisamment étudiés ?

Précisons au sujet de quelques parties du tracé.

De Sétif à Bougie. — Je reconnais la très grande valeur du port de Bougie et le désir que l'on a d'en faire avec raison, un grand centre commercial ; mais est-il vraiment indispensable que les communications de Sétif avec la mer aient lieu de ce côté ? Ne serait-il pas plus naturel et plus aisé de lui donner comme débouché, le port de Djijelli ?

Deux études faites récemment, entre Sétif et Bougie, en signalant des difficultés d'établissement toutes particulières, semblent exiger des recherches dans une autre direction.

De Sétif à Alger. — Les Chambres vont être appelées à voter sur la ligne de Sétif à Alger. Ne conviendrait-il pas à tous égards, d'examiner avec le plus grand soin, la partie de son tracé qui passe par les gorges de l'Isser, laquelle a été maintes fois l'objet de critiques très fondées ?

Ne devrait-on pas le jeter plus loin, dans l'Ouest, dans la direction de la route d'Aumale à Alger, où il serait d'une exécution moins coûteuse et à tous les points de vue plus utile, puisqu'au lieu de traverser une contrée assez nulle il parcourrait les parties les plus fertiles du département ?

Lacune à combler. — Dans le projet de loi de 1879, sur les chemins de fer algériens, on a par mégarde oublié celui de Médéah ou plutôt de Berouaguia à Boghari, tête du chemin de fer de Laghouat et dont il est parlé dans les considérants.

Il est important de réparer cette omission involontaire.

Le grand central. — On semble ne s'être jamais assez pénétré de l'importance du grand-central algérien au point de vue économique et stratégique, des obligations de tracé qui ressortaient de sa nature même si énergiquement indiquée par le nom qui lui a été imposé. Il en est résulté qu'on lui a donné, dans l'Ouest par exemple, une direction tout à fait opposée à celle qu'il devait avoir, qu'on a été le faire passer par Oran, au lieu de le jeter, à Relizane, dans l'intérieur, par la vallée de la Mina, en le menant ensuite par le bas de Maskara et par Sidi-Bel-Abbès sur Tlemcen. C'est à cela qu'il faudra forcément revenir si on ne veut pas faire perdre à cette grande voie une partie de son utilité.

Le Trans-Saharien. — L'Algérie se prépare, relativement au Trans-Saharien, des désillusions que je voudrais bien lui éviter.

Le Trans-Saharien n'a pas été fait spécialement pour elle, par une raison toute simple, c'est qu'elle ne peut rien lui donner, puisque tout ce qu'il doit porter dans l'Afrique centrale consistera en produits manufacturés et qu'elle n'a pas de manufactures, fort heureusement. Le Trans-Saharien sera créé pour unir la France au Soudan par Marseille et l'Algérie ; mais à celle-ci il ne peut donner qu'un transit considérable, qui devra naturellement se faire dans les conditions les plus rapides et les moins chères, vu le développement considérable du trajet à parcourir (3,300 kilomètres). Or, si on cherche sur la sphère quel est l'arc de cercle suivant lequel on peut mesurer la plus courte distance entre Marseille et le Soudan, cet arc de grand cercle ne passe ni par Oran, ni par Constantine, bien loin de là ; il traverse l'Algérie centrale. A ces divers points de vue on ne comprend vraiment pas les discussions sans nombre qu'à déjà soulevées le choix du point de départ du Trans-Saharien, sur le rivage algérien.

Irrigations. — On connaît toute l'importance des irrigations, pour un pays comme l'Algérie, aussi bien dans le Tell que dans le Sahara.

M. le Ministre des Travaux publics vient d'adresser aux Chambres, à la date du 24 janvier dernier, un projet de loi en 186 articles sur le régime des eaux. Le journal *La Solidarité*, du 28 février, a reproduit ceux de ces articles qui lui ont paru offrir un intérêt spécial pour les Algériens et nous les signalons à notre tour à l'attention des agriculteurs et des agronomes.

De la sécurité. — La sécurité est un des éléments les plus importants du développement du travail, et depuis quelque temps il faut convenir que dans certaines parties de l'Algérie elle est singulièrement troublée. Que l'autorité civile soit bien convaincue que si la tranquillité générale est du ressort de l'armée, c'est à elle qu'il appartient d'assurer la sécurité dans toutes les parties du pays soumises à son action directe; il lui suffira pour cela de s'affirmer et de montrer par des mesures énergiques qu'elle est bien décidée à se faire respecter.

Alimentation en eau des villes et villages. — La question des irrigations nous ramène tout naturellement à celle-ci qui est peut-être encore plus essentielle. Je demande donc qu'on fasse un examen soutenu et approfondi des procédés hydrologiques de M. Trémaux, qui me semblent avoir une importance capitale, surtout pour toutes les localités, malheureusement trop nombreuses dans le nord de l'Afrique, où les eaux sont rares et parcimonieusement distribuées. Rappelons-nous que c'est dans la terre qu'il faut aller les chercher, parce que c'est elle qui nous conserve tout ce qui a pu échapper aux ravages de l'évaporation.

Puits artésiens. — Et à ce sujet je voudrais bien qu'un orateur autorisé vînt faire devant l'Association l'historique des soudages artésiens qui se poursuivent depuis 24 ans au fond de notre Sahara, dans le bassin de la Hodna, au milieu des campagnes du Tell, qui ont déjà donné de si remarquables résultats, résultats qui sont appelés à en donner bien d'autres encore. Que celui qui traitera cette intéressante question n'oublie pas de signaler à la reconnaissance publique les noms des intrépides travailleurs auxquels on doit cette œuvre si éminemment humanitaire, Jus, l'âme et le mobile de tout ce qui s'est fait dans l'Ouad Righ et dans la Hodna, le maréchal des logis Lehaut, le capitaine Zickel, les lieutenants de Lillo et Bourote, les ingénieurs civils Pommier, Clément Purschet, dont le nom se rattache aux recherches qu'on fit jadis au tombeau de la chrétienne.

Tel est l'ensemble des questions les plus essentielles, relatives aux choses Algériennes, qui nous ont paru devoir être signalées à l'attention des travailleurs Algériens en vue de la présence parmi nous de l'Association pour l'avancement des sciences. Elles ont été rédigées un peu à la hâte, c'est à dire qu'elles appellent toutes les additions que l'on croira devoir y faire et que nous attendons pour en composer un supplément qui donnera le nom de chacun des auteurs de ces additions.

Rappelons d'ailleurs aux personnes qui désireront coopérer aux travaux de l'Association qu'il est indispensable de se faire inscrire à Alger, avant le 31 décembre de l'année courante.

O. MAC CARTHY,

Président de la Société des sciences physiques
naturelles et climatologiques d'Alger.